西柏坡电力安全生产警示录（二）

张寿岩　朱春雷　史卫刚　主编

天津出版传媒集团

天津科学技术出版社

图书在版编目（CIP）数据

西柏坡电力安全生产警示录. 二 / 张寿岩, 朱春雷, 史卫刚主编. -- 天津：天津科学技术出版社, 2023.3
ISBN 978-7-5742-0922-0

Ⅰ. ①西… Ⅱ. ①张… ②朱… ③史… Ⅲ. ①电力工业 – 安全生产 – 案例 – 河北 Ⅳ. ①TM08

中国国家版本馆CIP数据核字(2023)第042304号

西柏坡电力安全生产警示录. 二
XIBAIPO DIANLI ANQUAN SHENGCHAN JINGSHILU.ER

责任编辑：马　悦
责任印制：兰　毅

出　　版：天津出版传媒集团
　　　　　天津科学技术出版社
地　　址：天津市西康路35号
邮　　编：300051
电　　话：（022）23332490
网　　址：www.tjkjcbs.com.cn
发　　行：新华书店经销
印　　刷：定州启航印刷有限公司

开本 710×1000　1/16　印张 19.75　字数 350 000
2023年3月第1版第1次印刷
定价：98.00元

西电警示录编委会组成

前 言

为贯彻落实"安全第一、预防为主、综合治理"的方针,西柏坡电力自2019年7月开始组织编写《西柏坡电力安全生产警示录》系列图书。本系列图书按照时间顺序,分专业、分系统,收录了自1991年公司成立以来,发生过的不安全事件。这些案例真实地发生在我们身边,尽管已经成为历史,但永远不应该被遗忘。本次汇编将这些案例集结成书,作为生动的教科书留给我们自己,也作为精神财富传承给西柏坡电力的新生力量,大家在铭记历史教训的同时,总结经验,"以史为鉴",警钟长鸣。30年的安全历程也反映了西电安全生产管理水平的提高。

用我们身边人经历的事件给我们做培训教材,用我们的兄弟姐妹的泪、血、汗来提高我们的安全意识,减少无谓的伤害与损失。

说明:本系列图书三本或更多,第一本为1993年至2000年约十年间发生的事件;第二本为2000年至2010年约十年间发生的事件;第三本为2011年至2020年约十年间发生的事件。虽然1993年至2000年的时间较为久远,资料缺少,内容相对简单,但是历史不能忘记。2000年以后,各种生产管理工作相对严谨,各级专业人员注意记录并保存资料,同比内容翔实。

1 汽机篇

1.1 轻伤及以上人身伤害事件

01 汽机车间本体班一起人身轻伤事件

1. 事件经过

2006 年 11 月 27 日 17 时许，因 #6 机组消缺，汽机车间本体班需要将集装工具箱从 #4 机组运至 #6 机组。汽车队安排的一辆东风 153（车牌号 冀 A 29115）负责搬运。在从 #4 机组通往 #6 机组途中因道路上方的管道钢梁阻挡，汽车从 #5、#6 机冷却水塔之间的道路绕行。因道路上方有一根电话线阻挡了汽车的通行，本体班李某某到集装工具箱顶部将电话线挑起，汽车通过后，他便从集装工具箱顶部回到汽车驾驶室顶部。在汽车缓慢行驶的过程中，李某某从驾驶室顶部直接跳到地面（驾驶室顶部实际高度为 2.53m），不慎受伤，被同事及时送医救治，被诊断为左小腿胫腓骨折。

2. 原因分析

李某某作为具备工作负责人资格的员工，"我不自伤"安全意识差，冒险跳跃。这是发生本次事件的直接原因，其本人是主要责任者。

3. 处理方法或经过

事发后汽机车间主任、车间安全监察专责工程师及时到医院了解情况，11 月 28 日相关人员到现场查勘，了解情况，并在汽机车间会议室召开分析会。汽机车间主任、汽机车间安全监察专责工程师、汽机车间本体班班长参加了分析会，制定了整改防范措施。李某某报工伤，在家休养 1 年。

4. 考核情况

依据公司《安全考核暂行标准》第 2 款"对人身轻伤事故的考核"规定，处理意见如下：

（1）扣责任单位汽机车间 10000 元奖金。

（2）主要责任者李某某下岗 4 个月。

（3）扣汽机车间安全生产第一责任者 1 个月奖金。

（4）扣汽机车间安全监察专责工程师 1 个月奖金。

（5）扣安全监察部 1000 元。

5. 技术措施或方案

通过本次自伤事件，汽机车间深刻反省在安全管理上存在的薄弱环节，并提出改进措施，从而把安全管理工作做深、做细。公司各单位要引以为戒，认真组织员工学习本事例，反思本单位安全管理工作的不足。

侥幸心理、冒险作业是常见的习惯性违章行为，同时也必然带来不可逆转的危害。各单位要切实以身边的案例警示员工，使其关注人身健康和安全，发动大家开展讨论，把如何从思想上树立自我保护意识作为讨论重点，避免类似事件发生。

6. 其他相关资料

无。

7. 附件

无。

02　汽机车间管阀班一起人身轻伤事件（一）

1. 事件经过

2007 年 3 月 4 日，汽机车间管阀班班长安排徐某某、王某、王某某将 #2 机高压导汽管疏水气动门、中压导汽管疏水气动门及主汽电动前疏水一道门锯下来，以便第二天返厂检修。徐某某使用高速电动切割锯，先切割中压导汽管疏水气动门和手动门之间的焊口，当快锯断时便停止切割。15 时左右，徐某某锯中压导汽管疏水气动门前焊口（管径为 $\phi 48 \, mm \times 6 \, mm$），王某（站在徐某某右侧）扶着气动门头防止其晃动，王某某站在王某对面给徐某某打手电照明。在将要锯断时，高速电动切割锯发生了夹锯，锯片崩裂，飞出的碎锯片划破了王某左手手套，并将其手背割伤。

2. 原因分析

作业人员使用生产机具的安全意识不强，盲目、冒险作业，对随时可能发生的危险估计不足。高速电动切割锯夹锯导致锯片崩裂是造成这起事件的主要原因。

3. 处理方法或经过

事发后汽机车间主任、车间安全监察专责工程师及时到医院了解情况。3月5日相关人员到现场查勘，了解情况，并在汽机车间会议室召开分析会，汽机车间主任、汽机车间安全监察专责工程师、汽机车间管阀班班长、汽机车间王某某参加了分析会，制定了整改防范措施。王某休病假，在家休养2个月。

4. 考核情况

此事件构成严重不安全事件（人身），依据《安全考核暂行标准》第11.6款规定，处理意见如下：

（1）扣汽机车间1000元。

（2）扣徐某某500元。

（3）扣王某200元。

（4）扣王某某200元。

（5）扣汽机车间安全生产第一责任者300元。

（6）扣汽机车间安全监察专责工程师300元。

（7）因购进不合格产品，扣物资公司500元。

5. 技术措施或方案

（1）强化安全监控和考核力度，杜绝冒险作业和习惯性违章行为。

（2）加强安全教育，提高员工安全意识和遵守规章制度的自觉性。

6. 其他相关资料

无。

7. 附件

无。

03   汽机车间管阀班一起人身轻伤事件（二）

1. 事件经过

2007年3月8日，徐某某、王某某带领两名技工和一名临时工安装 #2 机电动主汽门电动头，徐某某在 6.5 m 电动主汽门平台上安装，王某某在 12.6 m 平台指挥天车。在用天车将电动头吊到 6.5 m 后，由于电动头手轮无法摇动，电动头安装失败，在 15 时 30 分左右，王某某准备把电动头吊回 12.6 m 平台解决手轮问题。王某某见徐某某在摇手轮，就踩压手动手柄，这导致电动头向手轮侧下沉，此时徐某某左手大拇指正好也转到了最低点，其左手大拇指在手轮与电动头壳体之间被别住挤伤。

2. 原因分析

王某某踩压手动手柄，电动头向手轮侧下沉致使徐某某左手大拇指随手轮转动到手轮与电动头壳体之间，是造成这起事件的主要原因。

3. 处理方法或经过

事发后汽机车间主任、车间安全监察专责工程师及时到医院了解情况。3月9日相关人员到现场查勘，了解情况，并在汽机车间会议室召开分析会，汽机车间主任、汽机车间安全监察专责工程师、汽机车间管阀班班长、汽机车间王某某参加了分析会，制定了整改防范措施。徐某某休病假，在家休养2个月。

4. 考核情况

此次事件构成轻伤，统计在汽机车间。依据《安全考核暂行标准》第11.6款规定，处理意见如下：

（1）考核汽机车间1000元。

（2）考核徐某某300元。

（3）考核王某某500元。

（4）考核汽机车间安全生产第一责任者300元。

（5）考核汽机车间安全监察专责工程师300元。

5. 技术措施或方案

汽机车间利用安全活动日对员工进行安全教育，提高员工安全自保意识，教育员工认真吸取此次事故教训，遵守安全操作规程，杜绝冒险作业。

6. 其他相关资料

无。

7. 附件

无。

1.2 着火事件

04 切割 #5 机低压缸汽缸螺栓着火事件

1. 事件经过

2007 年 11 月 21 日，在 #5 机检修过程中，汽机车间在 #5 机低压缸处进行汽缸螺栓切割，13 时 30 分，保护凝汽器铜管的苫布冒烟。汽机车间主任立即组织人员进行扑救，13 时 37 分，火情消除。

2. 原因分析

主要原因：防火措施执行不到位，由于保护凝汽器铜管的苫布位于切割螺栓作业面的下方，切割作业未使用防火毯等有效防护物品，仅仅使用苫布遮盖，作业产生的火星掉落在苫布上，导致苫布冒烟起火。

次要原因：汽机车间防火意识淡薄，暴露出事故预想不足等问题。

3. 处理方法或经过

发现火情后，汽机车间主任立刻组织附近员工扑救，使用灭火器进行灭火，13 时 37 分，苫布火情消除。随后使用防火毯遮盖苫布，并安排附近作业点备好灭火器，杜绝火情再次发生。

4. 考核情况

依据《安全考核暂行标准》第 11.6 款，处理意见如下：

（1）考核汽机车间 300 元。

（2）考核汽机车间主任、安全员各 200 元。

5. 技术措施或方案

（1）汽机车间员工对火情认识不足，防范意识淡薄，要求其对汽机车间进行一次防火全面排查，举一反三，消除可能存在的火情隐患。

（2）汽机车间以此为鉴，开展火灾知识培训，加强员工防火意识。

（3）汽机车间完善火灾应急预案，并上交安全监察部审核。

6.其他相关资料

无。

7.附件

无。

05 #2 机 2A 小机润滑油滤网更换着火事件

1.事件经过

2004 年 11 月 13 日下午 12 时，调速班值班人员付某接到 #2 机组运行值班人员通知，#2 机 2A 小机速关阀可能没有开启，付某到现场查看处理后，运行值班人员又通知 2A 小机调速滤网切换后油压没有变化，两个滤网可能均已堵塞，需要更换。随即汽机车间带班人员刘某某联系运行值长采取措施，准备更换滤网，运行值班人员将滤网解列；管阀班胡某配合付某一起进行工作。在拆卸滤网上盖前，付某微开滤网顶部放空气门，少量油滴出，开启放空气门后，没有油流出。随后付某关闭顶部放空气门，开始滤网更换工作，当拆除滤网端盖螺丝时，滤网上盖处大量压力油喷出，因压力较高，滤网上盖已无法安装恢复，压力油喷溅至周边高温管道上，局部区域着火，引起机组停运。

2.原因分析

付某工作前忽视了安全规定中对容器工作的注意事项，不应关闭滤网顶部放空气门，同时更换滤网前并未先放净滤网内的存油，以确认滤网内已经消压；其工作经验不足，对自身的安全意识不足，在拆卸滤网螺丝时，未按照先松自己对面的螺丝，确保安全后再松掉全部螺丝的步骤进行。

3.处理方法或经过

停运 2A 小机油系统，扑灭火灾。

4.考核情况

事故统计在汽机车间，汽机车间扣奖 1 个月，调速班付某下岗 6 个月，管阀班胡某下岗 3 个月。

5.技术措施或方案

（1）加强学习安全规定，任何工作都要严格执行安全规定相关要求；进行滤网更换工作不仅要遵守油系统相关规定，还要遵守压力容器相关规定；更换滤网时严格按照检修工艺步骤进行操作。

（2）完善更换滤网的作业安全措施票的内容；激励员工不断学习，提高安全意识，提高员工的职业技能素质和检修工艺水平。

（3）将小机润滑油滤网移位至机房 0 m 小机油泵处，远离高温热源，提高小机润滑油滤网更换工作的安全性。

6. 其他相关资料

无。

7. 附件

无。

06　#3#2 瓦磨损事件

1. 事件经过

2008 年 4 月 30 日 6 时 50 分，#3 机碳刷架突然着火，运行人员紧急破坏真空。惰走时间约 25 min，在此期间，#2 瓦振动增大，金属温度升高。转速降至 2000 r/min 时，#2 瓦金属温度升高至 104℃，转速降至 460 r/min 时，#2 瓦金属温度升高至 118℃。停机后投入连续盘车，停运盘车后解体检修 #2 瓦。检修完毕后，机组启动，#2 瓦振动正常且温度在合格范围内，缺陷消除。

2. 原因分析

（1）由于机组紧急停机，转子惰走时间较短，因此 #2 瓦下瓦块磨损。

（2）#2 瓦强烈振动，可能会破坏油膜，使轴瓦乌金碾压损坏。

（3）#2 瓦下瓦 A 侧支撑块摆动不灵活，造成 A 侧瓦块偏磨。

3. 处理方法或经过

5 月 1 日上午，定盘断励磁机对轮。5 月 2 日 24 时，#3 机组盘车停运，本体班开始消缺。5 月 3 日 2 时，#2 瓦上瓦解体。5 月 3 日 7 时，翻出下瓦，检查发现：#2 瓦 A 侧下瓦块磨损碾压严重，瓦口处乌金不到 1 mm 厚度，B 侧下瓦块碾压较轻，上瓦块有轻微划痕；汽侧浮动挡油环 A 侧中分面偏磨约 300 mm，挡油环乌金磨损见底胎；#2 瓦处轴径表面呈现过热特征，光洁度较差，可用水砂纸打磨轴径。鉴于抢修时间紧，无法断对轮，车间决定只更换两块下瓦块，并保证原有转子在汽缸中的状态不变，利用假轴精修 #2 瓦下瓦块，使瓦块接触面达到设计要求。测量得到修前桥规为 2.35 mm，修后桥规为 2.10 mm；由于下瓦碾压，修前顶部间隙无法测量，修后顶部间隙测量结果为 A 侧 0.80 mm，B 侧 0.50 mm；更换浮动挡油环，配浮动油挡间隙，轴径为 354.90 mm，挡油环直径为 355.60 mm，间隙为 0.70 mm。根据大修测量数据及上瓦块厚度，调整下瓦块，#2 下瓦 A 侧支撑块磨去 0.65 mm，B 侧支撑块磨去 0.40 mm。检修结束后，机组启动，#2 瓦温度及振动无异常。

4. 考核情况

无。

5. 技术措施或方案

（1）根据 #2 瓦磨损原因，加强对轴瓦运行参数的监测，随时监视机组各轴瓦振动情况及金属温度、回油温度的变化情况。

（2）提高检修水平，严格按照工艺要求进行检修，保证设备无缺陷，杜绝类似事件再次发生。

6. 其他相关资料

无。

7. 附件

无。

1.3 停机事件

07 #3 机 3B 凝结水泵轴封抽空气管脱落停机事件

1. 事件经过

2001 年 1 月 2 日 9 时 58 分，#3 机 3B 凝结水泵轴封抽空气管脱落，#3 机 3B 凝结水泵抽不上水，造成 #3 机除氧器水位保持不住，引起 #3 炉汽包水位低保护动作，导致 #3 机组停机。

2. 原因分析

（1）#3 机 3B 凝结水泵轴封抽空气管长期振动造成由任锁母松动脱落，是造成 #3 机组停机的直接原因。

（2）发电部巡检员对设备运行状态巡查不到位，未能及时发现 3B 凝结水泵轴封抽空气管松动问题是造成此次停机事件的主要原因。

（3）检修班组未能在检修中保证设备检修质量，机组启动后管道振动超标是造成此次停机事件的次要原因。

3. 处理方法或经过

2001 年 1 月 2 日 10 时许，班组接到运行人员电话，得知 #3 机 3B 凝结水泵轴封抽空气管脱落，造成 #3 机组停机。班组人员迅速前往处理，就地检查并恢复管道正常，#3 机组于 12 时 30 分并网发电。

4. 考核情况

此次故障构成一类障碍，统计在汽机车间。

5. 技术措施或方案

（1）班组应对 #1 ～ #6 机抽空气管等真空相关管道，尤其是振动较频繁的管道的接头法兰进行逐一排查，杜绝类似事件发生。

（2）加强对班组检修工艺的管理，检修工艺应保证质量，做到应修必修，修必修好。

（3）发电部巡检人员应切实履行巡检职责，巡检过程中及时发现问题，对设备巡查要细致，减少不安全事件发生的可能。

6. 其他相关资料

无。

7. 附件

无。

08　#3 机主机 EH 油隔膜阀漏油事件

1. 事件经过

2001 年 4 月 13 日 5 时，值班人员王某某接到运行人员电话得知，#3 机主机 EH 油隔膜阀处起火，随即赶到现场和其他值班人员一同灭火并清理现场油污。随后马某某、秦某从小区赶到厂内，及时更换了隔膜阀片，机组于 13 日 7 时 54 分并网。

2. 原因分析

（1）根据厂家提供的检修手册，隔膜阀最大承压是 0.88 MPa，而现场隔膜阀持续保持在 0.8 ~ 0.85 MPa 的压力下运行。隔膜阀长期处于高限油压运行状态，是隔膜阀漏油的主要原因。

（2）隔膜阀片螺丝孔处为受力最大位置，其表面有一道沟，经分析这可能是厂家加工造成的。

（3）检修更换隔膜阀片时仅检查外观是否良好，没有更加可靠的技术手段进一步确定其质量问题。

3. 处理方法或经过

及时更换新的隔膜阀片，阀门试验开关正常无渗漏。

4. 考核情况

公司内部按一类障碍扣奖标准考核汽机车间。

5. 技术措施或方案

（1）长期监视隔膜阀运行压力，确保其在规定范围内。

（2）更换隔膜阀时，所用备件必须具有厂家合格证，并对其执行三级验收程序。

6. 其他相关资料

无。

7. 附件

无。

09 #1 机 #1 高压主汽门关闭事件

1. 事件经过

2003 年 1 月 21 日 9 时 40 分，#1 机 #1 高压主汽门关闭，造成 #1 汽轮发电机组停运。

2. 原因分析

（1）伺服阀故障是引起此次事件的直接原因。

（2）发电部运行值班人员未发现 #1 机 #1 高压主汽门摆动缺陷，错过了处理设备故障的最佳时机。

（3）当值人员对突发事件的应对能力不足，未能避免停机事件的发生，致使设备故障扩大。

（4）热控车间工作人员在处理主汽门摆动故障时，未经运行人员许可，影响了故障原因分析。

3. 处理方法或经过

无。

4. 考核情况

（1）此次事件构成一类障碍，统计在发电部，按扣奖额的 60% 对发电部进行扣奖。

（2）按扣奖额的 20% 对汽机车间进行扣奖。

（3）按扣奖额的 20% 对热控车间进行扣奖。

5. 技术措施或方案

（1）加强巡回检查，提高巡回检查质量。

（2）提高检修质量，特别是关键部位重要部件的检修。

（3）加强消缺沟通，杜绝无票作业。

6. 其他相关资料

无。

7. 附件

无。

10 #1 机主汽电动门后温度套管管座泄漏事件

1. 事件经过

2004 年 2 月 8 日，#1 机主汽电动门后温度套管管座发生泄漏，#1 机组紧急停机，待更换新管座后机组启动。

2. 原因分析

#1 机主汽电动门后温度套管管座与主汽管道直接焊接，长期受到主蒸汽介质冲蚀，管壁变薄，导致泄漏。

3. 处理方法或经过

管座泄漏发生后，车间和生产技术部迅速安排机组停运，以处理缺陷。班组成员办理工作票，待系统消压后切除旧管座，打磨清理后焊接新管座，并对焊口进行热处理，金相检查均合格厚，消缺结束。

4. 考核情况

此次事件构成二类障碍，统计在汽机车间。

5. 技术措施或方案

（1）由于机组服役年限较长，应加强设备巡视，对可能存在的缺陷做到及时发现、及时处理。

（2）举一反三，对类似设备进行重点巡查，杜绝类似事件重复发生。

（3）加强设备金属监督力度，每次检修要对类似位置进行重点检查，发现异常及时处理，避免停机消缺的被动局面出现。

6. 其他相关资料

无。

7. 附件

无。

11 #1机 #4高压导汽管泄漏事件

1. 事件经过

2004年8月26日6时,运行人员发现 #1机高压缸底部6.5 m层有漏汽现象,检修人员到场仔细检查后,确认泄漏位置为 #4高压导汽管疏水弯头处。由于该管道为高温高压管道,检修人员无法靠近,无法进行在线处理,请示生产技术部后,对 #1机组停机处理,得以更换弯头。机组启动后无泄漏缺陷,缺陷消除。

2. 原因分析

直接原因: #1机 #4高压导汽管疏水弯头泄漏处焊接形式为插焊,该管道为高温高压蒸汽管道,介质压力约14 MPa,温度300℃,插焊焊接无法满足使用工况要求,是导致此次事件的直接原因。

间接原因:管道焊接人员对管道的具体运行工况要求不了解,选择了错误的焊接形式,且验收人员未能及时发现和制止,是造成本次事件的间接原因。

3. 处理方法或经过

8月26日23时 #1机打闸停机,检修人员现场割下弯头,发现弯头为插焊式旧弯头,泄漏原因是焊口处裂开,裂纹长度近半圈。该管道规格为 ϕ48 mm×7 mm,材质为12Cr1MoVA,所更换对焊弯头规格为 ϕ48 mm×10 mm,材质为12Cr1MoVA。由于焊接对口管壁内径不同,因此修磨接口使焊接口内径相同,以氩弧焊打底,电焊盖面。焊接完成后对焊口处进行热处理,检验焊口合格后恢复保温,消缺工作结束。

4. 考核情况

无。

5. 技术措施或方案

(1)提高对防磨防爆工作的重视程度,对高温高压部位的管道测厚及金属监督工作应严格执行相关工艺。

(2)举一反三,对类似设备进行重点巡查,杜绝类似事件重复发生。

(3)汽机车间应组织一次焊接知识培训,加强员工对焊接形式选择方面知识的学习和掌握,避免再次发生焊接形式选择失误的情况。

6. 其他相关资料

无。

7. 附件

无。

12 #2 机 #3 高加切除汽温高手动停机事件

1. 事件经过

2005 年 6 月 23 日 7 时 20 分，#2 机 #3 高加水位高 III 值保护动作，高加切除。高加切除后，主蒸汽、再热蒸汽温度快速升高，调整过程中主汽温超过规定值，手动紧急停机。

2. 原因分析

（1）由于负荷较高，高加突然切除，给水温度快速下降。为了弥补给水温度的下降，燃料量快速增加，造成给水流量与燃料量不匹配。

（2）运行人员对高负荷高加切除处理经验不足。

（3）#3 高加水位波动，监盘人员调整控制不力。

3. 处理方法或经过

无。

4. 考核情况

此次事件构成一类障碍，统计在发电部。

5. 技术措施或方案

（1）发电部总结高负荷下高加切除应急处理预案。

（2）加强运行值班人员培训，提高其事故处理能力。

6. 其他相关资料

无。

7. 附件

无。

13　#1 机 1B 水冷泵消缺违章作业停机事件

1. 事件经过

2006 年 3 月 21 日 8 时 30 分，运行人员巡视时发现 #1 机 1B 水冷泵出口温度表故障，随即通知汽机车间复水班检修。11 时左右，复水班检修工作负责人何某某将已签批的消缺工作票提交至一单元主控室。运行人员见票后于 12 时将 1B 水冷泵解列，并通知复水班检修人员到现场办理工作票。何某某与本班的另一名工作人员一同赶往消缺现场，途中何某某安排同行人员先到一单元主控室办理工作票，其本人直接到达 1B 水冷泵作业现场，并在无票的情况下（运行人员还未允许开工），独自拆卸 1B 水冷泵上的温度表，造成 1B 水冷泵内的冷却水向外喷射。冷却水喷到 1A、1B 水冷泵的就地事故按钮上，引起 1A、1B 水冷泵跳闸。13 时 58 分 #1 发电机组被迫停机。

2. 原因分析

在作业安全措施未完全落实的情况下，何某某独自拆卸 1B 水冷泵上的温度表，造成 1B 水冷泵内的冷却水向外喷射。冷却水喷到 1A、1B 水冷泵的就地事故按钮上，引起 1A、1B 水冷泵跳闸，是造成机组停机的主要原因。

3. 处理方法或经过

2006 年 3 月 21 日 13 时 58 分，#1 机组因 1A、1B 水冷泵跳闸而停机。停机后，电气车间、热控车间等部门迅速对相关设备进行检查和维修，#1 发电机组于 15 时 22 分并网发电。

4. 考核情况

依照公司《2005 年安全考核标准》，本次故障构成甲类一类障碍，考核在汽机车间。处理意见如下：

（1）造成一类障碍的直接责任者何某某，在没有办理允许开工手续和安全措施没有落实的情况下，擅自拆卸运行中的设备，构成了严重违章行为，并且造成了发电机组非计划停运的后果。对此，给予何某某下岗 4 个月的处罚，下岗时间从 2006 年 3 月 20 日至 2006 年 7 月 20 日。

（2）汽机车间主任负有安全领导责任，扣奖 800 元。

（3）汽机车间安全员负有安全管理责任，扣奖 600 元。

（4）汽机车间复水班班长王某负有安全领导责任，扣奖 600 元。

（5）公司安全监察部主任负有管理责任，扣奖 600 元。

（6）公司安全监察部监察工程师负有管理责任，扣奖 400 元。

（7）对其他人员的扣奖金额按安全目标奖之规定考核。

5. 技术措施或方案

（1）汽机车间组织员工学习《电力安全工作规程》（以下简称《安规》）有关规定，熟悉设备系统，强化设备理论知识，提高安全意识。同时制定严格的规章制度确保类似事件不再发生。

（2）汽机车间组织员工认真学习"三票三制"，培养严肃认真的工作作风，克服工作中图省事、盲干、蛮干的心理，养成员工执行"三票三制"的自觉性。

（3）由安全监察部组织各生产车间进行《安规》考试。

6. 其他相关资料

无。

7. 附件

无。

14 #6 机密封油箱油位低造成跑氢事件

1. 事件经过

2007 年 1 月 5 日，#6 机启动过程中，机组转速升至 3000 r/min，未并网，密封油箱油位由 160 mm 下降至 140 mm，氢油压差降至 0，发电机氢压由 0.4 MPa 快速下降，就地检查发现 7/8/9 号轴瓦向外跑油，紧急打闸停机，发电机排氢。

2. 原因分析

（1）事后检查密封油箱补排油系统，发现密封油箱电加热器阻挡自动排油浮球阀，造成排油浮球阀无法全关，导致密封油从排油管漏出，油箱油位下降。

（2）随着密封油箱油位下降，油箱上部氢气从自动排油阀进入空侧油泵入口，造成空侧油泵上油异常，空侧密封油压持续下降，氢油压差下降至 0，造成跑氢。

（3）带压的氢气返回氢油分离器，排氢风机无法全部带走进入的氢气，使氢油分离器内压力升高，7/8/9 号轴瓦回油不畅造成跑油。

3. 处理方法或经过

停机后检查密封油箱油位下降的原因，发现电加热器阻挡自动排油浮球阀，使油箱油位下降过程中排油浮球阀无法全关。拆除电加热器后，经试验，补、排油系统恢复正常。

4. 考核情况

本次事件是由电建安装质量不良导致的，统计为安装质量事件。

5. 技术措施或方案

（1）发现密封油箱油位下降，要先将补油门强制打开，关闭自动排油手动门，维持密封油箱油位，再查找原因进行处理。

（2）对现场值班人员进行密封油系统的相关技术培训，提高值班人员对密封油系统相关故障的处理能力。

（3）拆除密封油箱的电加热器（已执行）。

（4）在运行中发现补、排油管温度同时高于室温，要及时联系检修人员查明原因，在问题处理好之前要连续监视密封油箱油位情况。

6. 其他相关资料

无。

7. 附件

无。

15　#2 机二段抽汽电动门无法解列事件

1. 事件经过

2007 年 12 月 19 日 14 时 45 分，#2 机二号高加泄漏，二段抽汽电动门无法解列，由于二号高加泄漏量很大，#2 机被迫停机。更换二段抽汽电动门后，20 日 6 时 52 分，#2 机并网，21 日 0 时 16 分，#2 高加消漏工作结束。

2. 原因分析

主要原因：经查，该电动门是在 2007 年 #2 机组大修中新换的阀门，解体阀门后进行检查，发现阀门内件陈旧，密封面多处凹痕、麻点，判断阀门为翻新门，以次充好。翻新阀门根本无法密封严密，是导致本次事件的主要原因。

次要原因：班组及车间员工在到货时验收把关不严，对翻新阀门的认识和判断不足，致使翻新阀门装配到设备上，是导致本次事件的次要原因。

3.处理方法或经过

运行人员关闭二段抽汽电动门及逆止门后，二号高加泄漏量未见明显减小，运行人员随即联系检修人员到现场查看阀门开关情况。检修人员到现场后，检查发现二段抽汽电动门实际处于关位，随后切换阀门为手动状态，反复开关，阀门开关正常，但阀后温度及二号高加泄漏量无变化，判断二段抽汽电动门阀门内漏。#2 机被迫停机后，检修人员对二段抽汽电动门进行解体检查，发现阀门内件陈旧，密封面缺陷很多，判断阀门为翻新门，随即追查厂家并要求其重新供货。检修人员对重新供货的阀门进行解体检查，确认其压线合格后装回，机组启动后阀门无异常。

4.考核情况

考核汽机车间 1000 元，物资公司 1000 元。

5.技术措施或方案

为避免今后发生类似事件，应认真落实以下防范措施：

（1）汽机车间加强对物资到货、验货细节的把控，尤其对重要部位的备品、备件要严格验收，必要时进行解体检查，保证供货质量。

（2）物资公司严格把控进货渠道，对曾经有问题的供货厂家要严格管理，必要时进行拉黑处理。

6.其他相关资料

无。

7.附件

无。

16　#3 机凝汽器汽侧热井入口堵塞停机事件

1.事件经过

2008 年 1 月 29 日，#3 机 3A、3B 凝结水泵先后出现出口压力降低、扬程降为 0 的状况。检修人员先后多次解列系统清理检查 3A、3B 凝泵入口滤网，滤网内干净无杂物，而状况未见好转，所以检修人员在 #3 机停机后解列凝汽器，发现汽侧热井入口被石棉板遮挡，取出石棉板后恢复系统，开启 #3 机凝结水泵，凝结水泵运行正常。

2. 原因分析

#3 机检修遗留石棉板堵塞凝汽器汽侧热井入口是造成此次停机事件的直接原因。

#3 机检修过程中，#3 机凝汽器汽侧底部清理是复水班的检修标准项目，但是鉴于复水班在凝汽器汽侧底部清理项目中未使用石棉板，石棉板为上方掉落的可能性较大，相关检修班组未能在检修完成后清理作业区域，造成石棉板遗留在凝汽器内部，堵塞其汽侧热井入口。

3. 处理方法或经过

2008 年 1 月 29 日，#3 机组检修结束后，3A、3B 凝结水泵先后出现出口压力降低、扬程降为 0 的情况。检修人员解列检查 3A、3B 凝结水泵入口滤网，发现滤网内干净无杂物，判断为凝泵入口母管堵塞，申请 #3 机组停运后，检查发现凝汽器汽侧底部热井入口被石棉板遮挡，造成凝泵入口母管水量不足，取出石棉板后，恢复 #3 机系统，开启凝结水泵，凝泵运行正常。

4. 考核情况

此次事件构成一类障碍，统计在汽机车间。

5. 技术措施或方案

（1）利用检修项目在各机组凝汽器汽侧热井入口处加装防护装置，防止杂物大面积堵塞凝泵入口母管影响机组安全运行。

（2）检修人员应严格按照检修标准完成检修项目，在检修中保证检修质量，对检修遗留物及时清理，各检修班组间应紧密合作，保证设备运行安全。

6. 其他相关资料

无。

7. 附件

无。

17 #4 机 4A、4B 循环水泵故障停机事件

1. 事件经过

2008 年 4 月 11 日 4 时，#4 机组 4A 循环水泵轴承振动变大，下轴承处振幅为 0.25 mm，电机振幅为 0.40 mm，轴承及电动机温度均正常，且无其他异常。6 时，4A 循环水泵电流摆动，当值人员立即启用备用的 4B 循环水泵，停

运 4A 循环水泵，就地检查确认 4A 循环水泵下轴承损坏、泵轴断裂，随即进行泵轴、下轴承更换工作。2008 年 4 月 13 日，在 4A 循环水泵泵轴更换过程中，4B 循环水泵下轴承温度高达 85℃，4B 循环水泵停运，循环水断流导致机组真空破坏，机组停机。

2. 原因分析

由于 4A 循环水泵下轴承损坏严重，泵轴在下轴承的位置产生交变应力，轴承对轴起不到支撑作用，在此处形成了应力集中点，成为泵轴强度最薄弱的区域，泵轴有可能在此区域发生断裂，因此 4A 循环水泵下轴承损坏是造成此次事件的主要原因。

检修人员检查发现 4B 循环水泵轴承珠子滚落，润滑油变黑。分析原因如下：

（1）轴承为 SKF 轴承。

（2）在加油脂过程中落入灰尘，造成油脂污染，导致轴承室内部油脂劣化破坏轴承润滑，温度升高。

此次停机事件与 4A、4B 循环水泵故障均为下轴承损坏引起。

3. 处理方法或经过

车间组织人员对 4A、4B 循环水泵进行了解体检修工作，期间紧急联系外委加工轴承室。全部工作于 4 月 15 日 17 时完成，设备恢复运行后，上下轴承温度正常，电机振动正常，机组启动。

4. 考核情况

无。

5. 技术措施或方案

（1）对 #1 ～ #6 机组的循环水泵轴承室进行全面排查，检查轴承室的外观、振动、温度等是否有异常情况，如有异常情况立即进行处理。

（2）循环水泵上、下轴承由 SKF 轴承更换为 FAG 轴承。

（3）每次机组小修时，测量下轴承距离轴承盒端面 H_1 值，计算 H_2 值，判断下轴承是否轴向受力。将此测量项目列入小修常规项目。

（4）循环水泵的上、下轴承质量要好，不能有磨损，同时要有良好的润滑，并保证安装质量。

6. 其他相关资料

无。

7. 附件

无。

1.4　降负荷事件

18　#1 机 1C 给水泵出口电动门盘根泄漏事件

1. 事件经过

2001 年 7 月 9 日 5 时，运行人员在设备巡视中发现 1C 给水泵出口电动门盘根泄漏，随即通知检修人员。检修人员到场后，调整负荷，解列阀门，更换盘根后投运系统，阀门正常无泄漏。

2. 原因分析

#1 机 1C 给水泵出口电动门盘根为石墨盘根，规格为 $\phi 80\,mm \times 60\,mm$。机组负荷波动调整运行压力时及长期运行时，盘根强度不够，造成盘根脆性断裂，引发盘根泄漏。

3. 处理方法或经过

运行人员发现 #1 机 1C 给水泵出口电动门盘根泄漏，蒸汽泄漏量较大，紧急联系管阀班值班人员到场。由于蒸汽泄漏量很大，人员无法靠近，遂申请机组降负荷至 80MW，压力滑降至 8 MPa，在除氧器降温后，对 1C 给水泵出口电动门盘根进行更换（更换为石墨加镍丝盘根，$\phi 80\,mm \times 60\,mm$），工作结束后系统投运无异常。

4. 考核情况

此事件构成二类障碍，统计在汽机车间。

5. 技术措施或方案

（1）加强设备巡视，发现问题及时处理。

（2）对于压力温度要求较高的阀门，必须使用石墨加镍丝的高强度盘根，其他机组的类似阀门在以后的检修中择机进行全部更换。

6. 其他相关资料

无。

7. 附件

无。

19 #3 机 #3 高加管束补焊处泄漏事件

1. 事件经过

2002 年 5 月 17 日，#3 机 #3 高加水位过高，疏水不及时，高加管束泄漏。解列高加，打开人孔门及上、下水室隔板小窗；压缩空气送风降温，16 小时后检查管束，原补焊处焊肉和锥形封堵消失，呈现空洞；将补焊方法改成直接补焊空洞处，不采用楔入锥形封堵方法，焊肉平滑，与隔板熔合良好；将周围管束及上下对称管束一并补焊，消除冲刷变薄的隐患。补焊结束，汽测通入压缩空气憋压，使用肥皂沫检查泄漏，未发现明显泄漏，回装隔板小窗及人孔门，投运高加正常。

2. 原因分析

（1）高加内湿度大，温度高，金属粉尘浓度高，操作环境恶劣。

（2）泄漏处管束位于上水水室左上角位置，因空间有限，电焊操作者视线受阻，电弧焊运条操作困难。

3. 处理方法或经过

解列高加，打开人孔门及上、下水室隔板小窗；压缩空气送风降温，16 小时后检查管束；补焊泄漏处，焊肉平滑，与隔板熔合良好；将周围管束及上下对称管束一并补焊，消除冲刷变薄的隐患。补焊结束，汽侧通入压缩空气憋压，使用肥皂沫检查泄漏，未发现明显泄漏，回装隔板小窗及人孔门，投运高加正常。

4. 考核情况

无。

5. 技术措施或方案

（1）充分解列高加；适当延长送风冷却降温时间。

（2）用吸尘器抽出焊接风尘。

（3）施焊者完全进入高加内进行补焊。

6.其他相关资料

无。

7.附件

无。

20 #5 机 A 侧主蒸汽试验用温度测点泄漏事件

1.事件经过

2009 年 8 月 14 日 16 时，运行人员在设备巡视中发现 #5 机 A 侧主蒸汽试验用温度测点泄露，随即通知检修人员到场。检修人员进行现场检查后，调整负荷，消除泄漏，机组恢复正常运行。

2.原因分析

#5 机 A 侧主蒸汽试验用温度测点焊接质量不过关，经过长期运行冲蚀和管道震动，测点焊口开裂，导致泄漏。

3.处理方法或经过

检修人员到场，现场检查发现温度测点焊口有裂纹，从而导致泄漏。机组降负荷至 256 MW，压力降至 9.5 MPa，时间从 14 日 23 时至 15 日 7 时 20 分，带压堵漏完成，消除泄漏，机组恢复正常运行。

4.考核情况

此事件构成二类障碍，统计在汽机车间。

5.技术措施或方案

为避免今后发生类似事件，认真落实以下防范措施：

（1）加强设备巡视，发现问题及时处理。

（2）各机组充分利用检修期，对所有高温高压管道压力及温度测点进行焊口检查及壁厚测量。

（3）加大设备金属监督力度，对设备的金属检测要做到应修必修，修必修好。

6.其他相关资料

无。

7.附件

无。

1.5 主要设备损坏事件

21 #3机#1高主门卡涩事件

1. 事件经过

2004年8月18日8时20分，#3机因故停运，机组打闸后运行人员发现#3机#1高主门未关闭，卡在开度184 mm处，立即做好防止机组进汽超速措施，同时，联系检修人员现场查看。检修人员通过停运油系统，解列油侧试验，确认高主门油侧无问题，应为汽侧卡涩导致阀门未关，随即使用千斤顶进行人为关门，但阀门内部汽侧部件卡涩严重，阀门关闭困难。汽机车间将该情况上报公司，申请立即解体，抢修阀门，申请获批后，等待机组冷却。同时，检修人员拆除阀门油侧装置，做好解体准备，当机组满足条件后，第一时间进行阀门解体工作。

8月19日阀门解体时，阀体温度仍然接近100℃。阀体拆出后，阀芯组件与导向套完全卡死，大锤锤击阀杆动作缓慢，为加快解体速度，尽快降低阀体温度，检修人员向消防部门借用大量干冰灭火器，冷却阀芯组件，使阀芯组件与导向套间产生间隙，以便抽出阀芯组件。待阀芯组件抽出后，检查发现各部件表面结垢严重，阀杆弯曲超标，阀碟与套配合间隙为零，更换新的阀芯组件，去除各套表面氧化皮后，对阀杆重新定位钻孔，直至8月21日5时，阀芯组装完成。12时，#1高主门回装完毕，16时，机组启动成功。历时4天3晚#1高主门抢修工作结束。

2. 原因分析

（1）高主门为汽轮机的主要进汽阀门，长期在高温、高压的工作环境中运行，其阀门内部各部件金属表面容易结垢，当结垢不断增加甚至超出部件配合间隙后，则会使阀门卡涩、动作困难甚至卡死。

（2）在机组运行时，高主门为常开门，机组不停运，阀门不关闭。阀门处于静置状态，缺少适时的活动和挂扫，极易出现氧化皮或异物堆积。

（3）主汽参数出现超温情况，超过阀门金属材质耐热极限，加速金属表面氧化皮的生成。

（4）在阀门检修过程中，各部件表面氧化皮需使用油石进行人工磨除，人力的不均和不定、部件表面结垢厚度不均等情况均易导致部件表面不再平整，给后期的测量带来不确定性，同时也给调整配合间隙造成一定困难，易出现测量间隙合格，但局部间隙未达标的情况。

（5）用电负荷逐年增加，导致机组检修周期出现不确定性。检修周期延长使阀门内部结垢无法得到及时清理，后期阀门将会频繁出现卡涩情况。

3. 处理方法或经过

停运机组抢修阀门，更换新的阀芯组件，去除阀门氧化皮，重新调整阀门行程，阀门回装后动作正常。

4. 考核情况

无。

5. 技术措施或方案

（1）细化检修工艺，增加验收环节，确保阀门检修中各部件表面结垢去除彻底；对部件进行金相检查，不合格的全部更换。

（2）机组运行期间，定期进行各进汽门阀门活动试验，及时刮扫去除表面堆积物。

（3）控制主蒸汽参数，减少主汽超温情况出现。

（4）阀门各部件表面结垢采用喷砂或喷珠等机械方式均匀去除，测量时采用多点多方向测量，间隙取最小值。

（5）关注阀门动作情况，及早发现隐患，做好准备，择机提前处理。

6. 其他相关资料

无。

7. 附件

无。

22 #1 机低压缸电端大气阀破裂事件

1. 事件经过

2007 年 8 月 9 日 1 时，#1 机组停机备用，停机过程中，电端大气阀破裂。

8月9日上午，更换新垫片后，机组启动时大气阀无异常。

2. 原因分析

#1机组停机过程中，运行人员需打开真空破坏门，停运真空泵，以破坏低压缸内部真空。真空被破坏后，厂用联箱供轴封用汽未能及时关闭，蒸汽从轴封部位进入低压缸，高、中压缸内部积存蒸汽也进入低压缸，导致低压缸内部从负压变成正压，使大气阀破裂。

3. 处理方法或经过

#1机组大气阀破裂缺陷发生后，班组办理工作票，拆开电端大气阀保护盖，更换大气阀垫片（厚度为1 mm），装回保护盖，消缺工作结束。

4. 考核情况

无。

5. 技术措施或方案

（1）在机组停运过程中，运行人员加强参数监视，规范操作，尤其对破坏真空后的操作自查自检，避免因操作问题导致设备损坏。

（2）举一反三，对类似设备进行重点巡查，杜绝类似缺陷重复发生。

（3）再次出现机组停机时，检修与运行人员密切配合，找出导致大气阀破裂的根本原因。

6. 其他相关资料

无。

7. 附件

无。

23 #1机#3高调门门杆脱落事件

1. 事件经过

2007年8月20日凌晨，运行人员进行#1机阀门活动试验时发现，#3高调门试验过程中，指令与反馈均正常，但负荷无波动，其他阀门也无动作，运行人员随即通知检修值班人员，到现场确认阀门开关状态。经确认，阀门油动机开关正常，但基于负荷无变化，其他阀门指令无变化，初步判断是高调门门杆与连接套脱扣。

2007 年 8 月 20 日上午，检修人员检查发现高调门门杆与连接套连接横销两头均脱出，连接横销断裂，而阀门外部执行机构仍可保持正常的开关位置。结合分析，检修人员判定门杆与连接套间配合的丝扣已经损伤严重，导致门杆脱落，阀门开启时无法再带动门杆上升。鉴于机组正在运行，阀门无法解体，检修人员决定进行临时处理，使阀门保持关闭位，将门杆与连接套进行焊接，以满足机组运行负荷调节的需要，后期再利用机组停运的机会，解体阀门，更换阀芯组件，从而彻底处理缺陷。

2. 原因分析

高调门门杆与连接套脱开的原因主要是调节阀的阀芯振动导致门杆与连接套横销断裂，丝扣严重损伤。高调门振动的主要原因有两方面：

（1）由于高调门长期处于频繁调节状态，在运行中，当调节阀处在某一开度时，会产生蒸汽流的脉冲震荡，频率由几赫兹到几十赫兹，而压力脉冲将超过门前压力很多，这将引起作用在门杆上的力的突变，从而导致门杆振动。

（2）高调门振动的另一原因是调节阀门杆与门杆套的间隙过大，门杆溢汽也会产生汽流脉动，导致门杆振动。

门杆振动使门杆经常处在交变力的作用下产生疲劳。对于长期使用的旧门杆与连接套，其间配合的螺纹会发生磨损导致丝扣间隙过大，门杆与连接套间产生了不应存在的轴向间隙，本应为整体的振动在此被分解，使门杆与连接套间的定位销（直径 10 mm）因承受了过大的剪切应力而断裂，失去限制的门杆会随螺纹发生轴向运动（使阀门提前关闭或关闭不严）或损伤门杆螺纹而直接脱落。此外，横销材质及加工、装配间隙也是导致门杆螺纹松动的一个原因。

3. 处理方法或经过

解体阀门，更换阀芯组件，重新进行门杆定位，调节阀门行程，确保阀门正常动作。

4. 考核情况

无。

5. 技术措施或方案

（1）门杆与连接套装配时，在保证定位销孔同心的情况下，利用调整垫使门杆与连接套带紧力紧固，消除螺纹间隙。

（2）采用合格定位销备件，稍带紧力配合安装，消除门杆与连接套相对旋转的可能。

6.其他相关资料

无。

7.附件

无。

1.6 主要辅助设备损坏事件

24 #3 机 3B 循环水泵下轴承损坏事件

1. 事件经过

2001 年 5 月 18 日下午，运行人员在巡视设备时发现 3B 循环水泵声音沉闷，温度高达 98℃，检修人员拆开下轴承室端盖检查轴承情况，解体后发现，轴承保持架严重磨损，滚珠脱落；润滑油脂发黑，但不缺少；轴承盒底部磨损严重深 1.1 mm。

2. 原因分析

解体检修发现对轮预留间隙小，运行中转子下沉量大于对轮预留间隙数值，就会造成下轴承接触轴承盒底部，转子自重力和轴向水推力由下轴承承受。3B 循环水泵的预留间隙为 0.7 mm，小于转子实际下沉值 1.1 mm，造成轴承盒底部磨损。因此轴承承受轴向力为造成此次事件的主要原因。

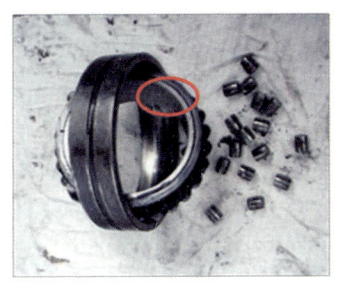

图 1-1 3B 循环水泵损坏的下轴承

3. 处理方法或经过

车间组织人员对 3B 循环水泵进行了轴承更换工作，期间紧急联系外委加工轴承室。全部工作于 5 月 20 日 17 时完成，设备恢复运行后，上、下轴承温度正常，电机振动正常。

4. 考核情况

无。

5. 技术措施或方案

（1）对 #1 ～ #6 机组的循环水泵轴承室进行全面排查，检查轴承室外观、振动、温度等是否有异常情况，如有异常情况立即进行处理。

（2）梳理统计各机组循环水泵的检修记录，为运行时间超过 4 年的循环水泵制订解体大修工作计划，并在检修中重点排查轴承室位置是否有贯穿、间隙超标等不合格情况。

（3）在每次机组小修中，测量下轴承距离轴承盒端面 H_1 值，计算 H_2 值，判断下轴承是否轴向受力。将此测量项目列入小修常规项目。

（4）循环水泵的上、下轴承质量要好，不能有磨损，同时要有良好的润滑，并保证安装质量。

6. 其他相关资料

无。

7. 附件

无。

25　#1 机 #1 中主门油控跳闸阀泄漏事件

1. 事件经过

2001 年 7 月 13 日 1 时 13 分，#1 机 #1 中主门在运行中自动关闭，机组降负荷 50MW，汽机检修人员到现场后，检查发现 #1 中主门油控跳闸阀油缸上腔室漏油，分析为活塞密封圈损坏导致中主门油动机高压油从此处泄漏，阀门在弹簧力作用下关闭。检修人员关闭 #1 中主门油侧进油截止门，更换油控跳闸阀油动机，#1 中主门重新开启，机组启动。

2. 原因分析

（1）#1 中主门油控跳闸阀油动机活塞内漏是此次事件的主要原因。
（2）该油动机在上次 A 级检修中未进行返厂维修。

3. 处理方法或经过

解列 #1 中主门油侧，更换新的油控跳闸阀油缸，阀门恢复正常运行。

4. 考核情况

此次故障构成二类障碍，考核统计在汽机车间，扣奖 2000 元。

5. 技术措施或方案

（1）严格按照设备检修周期进行设备检修维护，杜绝侥幸、懒惰心理。

（2）加强设备巡视力度，及早发现设备异常、隐患，及时处理缺陷。

6. 其他相关资料

无。

7. 附件

无。

26 #2 机 2B 给水泵高压侧大端盖泄漏事件

1. 事件经过

2001 年 8 月 2 日，运行人员联系检修班组，#2 机 2B 给水泵高压侧大端盖结合面漏水，班组紧固端盖大螺栓无效，申请降负荷解列 #2 机 2B 给水泵。

#2 机 2B 给水泵解列后，班组拆下 2B 给水泵高压侧大端盖法兰，检查发现高压侧大端盖密封垫已老化损坏，更换新的密封垫后，泄漏缺陷消除。

2. 原因分析

（1）#2 机 2B 给水泵高压侧大端盖密封垫损坏是此次泄漏事件的直接原因。

（2）给水泵高压侧大端盖密封圈质量差，在给水泵未到 6 年检修期时，密封垫就已老化损坏，是此次泄漏事件发生的主要原因。

3. 处理方法或经过

更换 2B 给水泵高压侧大端盖密封垫。

4. 考核情况

无。

5. 技术措施或方案

在更换给水泵芯包时，重点检查各密封垫质量情况，避免此类事件再次发生。

6. 其他相关资料

无。

7. 附件

无。

27　#6 机 6A 凝结水泵烧瓦停运事件

1. 事件经过

2007 年 2 月 26 日，#6 机 6A 凝结水泵运行过程中，运行人员发现 6A 凝结水泵推力瓦温度达 180℃，凝结水泵停运。检修人员就地检查发现 6A 凝结水泵推力瓦乌金已严重烧损，凝结水泵无法正常运行，相关班组迅速办理工作票，更换 6A 凝结水泵推力轴承组件。3 月 2 日，系统恢复后，6A 凝结水泵运行正常。

2. 原因分析

（1）#6 机 6A 凝结水泵推力轴承组件缺少润滑油是此次烧瓦事件的直接原因。

（2）检修工作负责人思想麻痹，在 6A 凝结水泵检修工作结束后，忘记给推力轴承组件加装润滑油，是造成此次事件的根本原因。

（3）6A 凝结水泵试运前，运行及检修人员未对设备重要指标进行全面检查，在未保证设备具备运行条件下开启凝结水泵，是造成此次烧瓦事故的次要原因。

3. 处理方法或经过

2007 年 2 月 26 日，#6 机 6A 凝结水泵推力瓦严重烧损，复水班办理工作票后，解列 6A 凝结水泵系统，电气车间配合起吊凝结水泵电机，更换推力瓦块，推力瓦块平面高度相差小于 0.02 mm。3 月 2 日，6A 凝结水泵系统恢复，启动后运行正常。

4. 考核情况

此次 #6 机 6A 凝结水泵烧瓦停运事故造成主要辅助设备损坏，凝泵缺失备用泵，影响机组安全运行，构成二类障碍，统计在汽机车间。

5. 技术措施或方案

（1）相关班组利用检修机会学习检修规程有关规定，熟悉本班组设备系统，强化安全意识与设备理论知识储备。

（2）加强对企业员工思想的培养，端正工作态度，工作中保持良好的工作状态，杜绝此类事件发生。

（3）检修与运行人员在工作中切实落实"三票三制"制度，确认设备运行措施执行到位，规范工作作风。

6. 其他相关资料

无。

7. 附件

无。

28　#4 机 4A 循环水泵下轴承损坏事件

1. 事件经过

2008 年 4 月 11 日 9 时 30 分，接运行人员通知，4A 循环水泵故障停运，检修人员将系统解列后进行检查发现，轴承外壳温度很高，润滑油流出。检修人员办理工作票后进行检修，测量得到电机下轴承小盖至电机对轮端面距离为668 mm，循环水泵上轴承至轴承室端面距离为 36.4 mm，没有发现对轮下沉，于是对泵进行解体。将泵的上轴承室盖、上轴承和上轴承室拆出后检查，各部件无明显损坏。将泵的下轴承盖拆下后检查，下轴承损坏，致使紧定衬套和紧定衬套锁母磨损严重，固定键变形，轴承盒磨损。

2. 原因分析

（1）#4 机 4A 循环水泵有上、下两个轴承室，上轴承型号为 6240M，下轴承型号为 23048K.MB。在轴承运行过程中，为降低运行温度，轴承室外腔设计了一路冷却水腔体，在运行时注入冷却水可起到降温冷却的作用，轴承室内部添加锂基润滑脂起到润滑作用。4A 循环水泵在电机改造成变频后，长期单泵运行，造成轴承疲劳损伤，导致轴承烧毁。此为造成此次事件的主要原因。

（2）检修人员在对 4A 循环水泵巡视检查时，没有及时发现轴承温度变高，错过了最佳处理时期，是造成此次事件的次要原因。

3. 处理方法或经过

车间组织人员对 4A 循环水泵进行了轴承更换工作，期间紧急联系外委加工轴承室上、下盖及盘根压盖，并将损坏的轴承室进行了整体更换。设备恢复运行后，上、下轴承温度正常，电机振动正常。

4. 考核情况

（1）水工班班长秦某某负安全管理责任，考核 500 元。

（2）水工班作业组长考核 300 元。

5. 技术措施或方案

（1）对 #1 ～ #6 机组的循环水泵轴承室进行全面排查，检查轴承室的外观、振动、温度等是否有异常情况，如有异常情况立即进行处理。

（2）梳理统计各机组循环水泵的检修记录，为运行时间超过 4 年的循环水泵制定解体大修工作计划，并在检修中重点排查轴承室位置是否有贯穿、间隙超标等不合格情况。

（3）在每次机组小修测量中，下轴承距离轴承盒端面 H_1 值，计算 H_2 值，判断下轴承是否轴向受力。将此测量项目列入小修常规项目。

（4）循环水泵的上、下轴承质量要好，不能有磨损，同时要有良好的润滑，并保证安装质量。

6. 其他相关资料

无。

7. 附件

无。

29 #5 机 5A 给水泵高压侧端盖泄漏事件

1. 事件经过

2008 年 4 月 15 日，运行人员联系检修班组告知，#5 机 5A 给水泵高压侧端盖泄漏。处理此缺陷需降负荷停运 5A 给水泵。经车间商议，在不影响机组正常运行的情况下，待 #5 机停机时，处理此缺陷，检修班组加强监视，若有泄漏扩大趋势，及时处理。

2008 年 5 月 15 日，检修班组解列 5A 给水泵候，检查发现高压侧大端盖密封垫老化损坏，更换密封垫后，启泵无泄漏。

2. 原因分析

5A 给水泵高压侧端盖密封垫老化损坏，是此次事件发生的直接原因。

3. 处理方法或经过

更换 5A 给水泵高压侧端盖密封垫。

4. 考核情况

无。

5. 技术措施或方案

（1）将给水泵芯包更换时间录入台账，在周期内更换芯包及各密封垫。

（2）更换给水泵密封垫时，班组应仔细检查密封垫质量是否合格。

6. 其他相关资料

无。

7. 附件

无。

30　#6机主机交流润滑油泵出口无油压事件

1. 事件经过

2008年12月13日3时45分，运行人员开启主机润滑油系统交流油泵，但发现油泵出口压力表无油压显示，随即联系检修人员并录入缺陷。检修人员到场后开泵试转，检查发现油泵外观无异常，更换油泵出口压力表后，试泵仍无油压显示，同时观察到油泵电流明显降低，油泵出力下降，怀疑油泵内部出现故障泄压或油箱内压力表管断裂，检修人员联系运行人员密切关注主油箱内负压，在获得运行人员同意后，检修人员打开主油箱油泵侧人孔门观察，内部未见异常漏油情况。

经分析，如果油泵本身存在问题，联轴器损坏、泵轴断裂、叶轮脱落等情况可能会导致油泵不上油。因机组正在运行，而油泵又安装在主油箱内部，无法实现油泵在线解体检查，但电机安装在油箱顶部，可拆除电机检查联轴器。检修人员办理工作票后，将电机停电，拆除油泵电机，发现油泵侧联轴器已经断裂，无法与电机随动，更换新联轴器并盘动油泵未发现异常。13日14时，交流油泵全部恢复，试泵后确认油泵出力恢复，出口压力保持正常值0.34 MPa。

2. 原因分析

（1）油泵联轴器内部起缓冲作用的梅花垫已经损坏，在油泵启动时，油泵与电机侧两半联轴器因失去梅花垫缓冲而直接发生碰撞，联轴器因此损坏，失去随动能力。

（2）检修记录表明，上次检修时对联轴器进行了检查，更换了梅花垫。通过检查损坏的梅花垫，检修人员怀疑其存在质量问题，材质过硬，呈块状碎裂，因此联轴器在转动时失去了缓冲而损坏。

（3）因交流油泵为立式泵，安装在主油箱内部，外部仅留电机，机组 C 级检修并不对油泵联轴器进行检修，油泵的检修周期较长。

3. 处理方法或经过

更换油泵联轴器及梅花垫，油泵恢复正常使用。

4. 考核情况

无。

5. 技术措施或方案

（1）细化检修工艺，提高检修标准，在机组 C 级检修中增加油泵联轴器检查项目，及早发现问题，并及时消除。

（2）规范梅花垫到货验收标准，及时验货，对质量可能存在问题的备件杜绝接收和使用。

6. 其他相关资料

无。

7. 附件

无。

31　#3 机 3B 凝结水泵电机下轴承烧毁事件

1. 事件经过

2009 年 1 月 15 日中班，#3 机组大修后整体启动，3B 凝结水泵大修变频改造后首次投入运行。20 时 50 分，3B 凝结水泵及电机检查正常，该轴承测点温度监视正常。21 时 40 分，0 m 巡检值班员发现 3B 凝结水泵电机下轴承处冒烟，立即按下事故按钮将该泵停运。电检检查发现该轴承已烧毁。

2. 原因分析

（1）主要原因是轴承温度上升较快，检修质量不良。

（2）此点 DAS 报警值为 120 度，轴承温度高时不报警，不易引起监盘人员的重视。

（3）对检修后首次启动的设备不够重视，启动后未能及时发现轴承温度高。

3. 处理方法或经过

电检更换新轴承后，重新启动运行。

4. 考核情况

无。

5. 技术措施或方案

对检修后首次投入运行的设备重点检查，对各项参数变化加强分析，及早发现隐患。

6. 其他相关资料

无。

7. 附件

无。

32　#2 机三段抽汽电动门阀芯脱落事件

1. 事件经过

2009 年 2 月 12 日 6 时，#2 机组检修后并网，并网后投运三号高加时，进汽压力及温度均不升高，三号高加无法投运。2 月 28 日，#2 机组临修，更换三段抽汽电动门，设备恢复正常运行。

2. 原因分析

（1）主要原因：#2 机组三段抽汽电动门在以往历次检修中未发现异常，该阀门为建厂时使用的阀门，使用年限较长，门杆挂耳老化，最终断裂。

（2）次要原因：阀门关闭时，运行人员为保证阀门密封严密，经常使用加长杆对阀门进行加关，导致阀芯与底口镶嵌紧力很大，而阀门开启时电动机构力矩很大，导致门杆挂耳受力较大。

3. 处理方法或经过

运行人员检查发现三段抽汽电动门处于全开状态，且阀门前后压差及温度都很大。检修人员到场后，现场判断电动门门杆显示阀门处于开位，随后切换阀门为手动状态，开关阀门时手轮基本无阻力，手轮转动轻盈，判断阀门阀芯与阀杆已脱开连接，阀芯脱落。2 月 28 日，利用 #2 机组临修机会，对 #2 机三段抽汽电动门进行解体检查，发现门杆挂耳已断裂，无法带动阀芯上下开关，更换新阀门，阀门型号为 Z941Y-64DN250，生产厂家为温州环球阀门厂。更换阀门后，机组启动，三段抽汽温度及压力恢复正常，缺陷消除。

4. 考核情况

无。

5. 技术措施或方案

（1）汽机车间加强设备巡视力度，对潜在的隐患做到及时发现，及时消除。

（2）汽机车间举一反三，查询类似年限的阀门是否存在问题，避免机组启动时出现应急消缺的被动局面。

（3）汽机车间针对此缺陷开展一次有关阀门知识的专题培训，提高员工对阀门可能出现的问题的判断和解决能力。

6. 其他相关资料

无。

7. 附件

无。

1.7 其他事件

33 #3机凝汽器热水井入口盲垫堵塞事件

1. 事件经过

2001年1月29日23时3分，按调度要求，#3机调峰备用。30日，在对凝结水系统检查时，工作人员发现凝结器热水井入口被一盲垫（450 mm×320 mm）堵塞，清理盲垫及其他杂物，并对低压缸人孔门垫片进行更换后，设备恢复正常。

2. 原因分析

#3机低压缸人孔门密封垫为整张盲垫，在运行中长期受水汽冲蚀，造成损坏脱落，盲垫掉落至凝汽器热水井入口，导致入口堵塞。

3. 处理方法或经过

清理热水井入口盲垫，检查凝汽器内部是否有其他杂物并进行清理；要求本体班对低压缸人孔门密封垫片进行改型，全部更换为环状密封垫，禁止使用整张盲垫，避免再次发生盲垫损坏脱落事件。

4. 考核情况

公司认定此次故障为人为责任一类障碍一次，统计在汽机车间。公司对这次事件的有关人员按规定处理如下：

（1）本体班复水器内工作人员刘某某扣奖3个月。

（2）本体班低压缸工作人员赵某某扣奖3个月。

（3）原检三班复水器工作人员宋某某扣奖3个月。

（4）本体班班长王某某扣奖1个月。

（5）车间复水器验收专工苏某扣奖1个月。

（6）生产技术部汽机专工高某某扣奖1个月。

（7）车间支部书记吴某某扣奖 1 个月。

（8）车间安全第一责任人刘某某扣奖 2 个月。

5. 技术措施或方案

（1）对所有机组低压缸人孔门密封垫片进行改型，全部更换为环状密封垫，禁止使用整张盲垫。

（2）举一反三，对类似设备进行重点巡查，杜绝类似缺陷重复发生。

6. 其他相关资料

无。

7. 附件

无。

34　#2 机 #3 高加人孔门喷水事件

1. 事件经过

2002 年，检修班组在办理 #2 机高加工作票后，到现场检查 #3 高加隔板。在检修过程中，检修人员突然听到高加内部轰隆隆的声响，现场工作负责人立即要求工作人员撤离工作现场。随后，#3 高加人孔喷出大量带压的铁锈等水汽杂物。事后，检修班组检查高加系统发现，#1 高加出口放空气一、二道门未开启；过程图形显示高加出口管水温在缓慢下降的过程中，突然出现短暂的回升。检修班组认为，管道内部残留凝结水在管道温度还较高时回流，并受管壁加热汽化，造成这次短时喷汽现象。这种现象形成的原因主要是系统解列时间较短，管道较热，导致管道内气体排出不畅。

2. 原因分析

（1）#3 高加水侧放水管道接引在机房 0 m 地沟内的放水母管管道上，在解列高加期间，其他热力系统的放水仍通过该母管进行。当其他系统放水时，压力水经过打开的放水管倒灌至 #3 高加入口，是此次事件发生的主要原因。

（2）#1 高加出口放空气一、二道手动门未打开，系统解列时间较短，管道较热，管道内气体排出不畅，也会导致高加水侧产生水流现象。

3. 处理方法或经过

（1）利用检修机会，将所有机组的高加水侧放水管道从原来的放水母管接引至地沟对空排放，避免其他系统的压力介质进入高加水侧放水管。

（2）检修班组检查高加系统解列情况，重新确认开关阀门，打开 #1 高加出口放空气一、二道门，彻底解列高加系统。

4. 考核情况

无。

5. 技术措施或方案

（1）在今后的检修工作中，如果遇到高加检漏，必须将 3 台高加的所有放空气门及放水门都打开。

（2）检修前充分降温，确认温度降到足够低，高加内部出口管处再无凝结水滴落，方可进入作业；检修前全面检查解列情况，确认各放水门处有水放出，确认其为畅通。

（3）在高加出口电动门前加一路放水管，引至凝汽器坑内，确认高加系统管道内无存水，杜绝此类事件发生。

6. 其他相关资料

无。

7. 附件

无。

35　汽机调速班一起无票作业事件

1. 事件经过

2004 年 7 月 22 日 8 时 30 分，汽机车间调速班班长马某某与 #1 机机长袁某某联系，要求更换 1A 小机润滑油 A 滤网。由于暂时找不到工作票签发人，马某某提出先开工更换滤芯，之后再补办工作票，机长袁某某没有提出异议。随后，工作负责人王某某带领工作人员进入现场开始施工作业。9 时 30 分左右，公司安监人员在巡回检查时到达现场，检查发现此项工作未办理工作票，属无票作业，安监人员立即责令其停止工作，恢复滤网设备。

2. 原因分析

检修班组只考虑到及时消缺，而忽视了安全问题，心存侥幸，不严格履行工作票制度，明知工作票未办理，却仍安排人员施工。而工作负责人知晓情况却并未拒绝，安全意识不足，违章执行施工作业。

该事件虽未造成后果，但是性质恶劣、违章指挥，属于严重违章行为。

不拒绝违章指挥而无票作业，同样属于严重违章行为。

3. 处理方法或经过

安监人员制止该工作后，设备恢复无异常。

4. 考核情况

按照国家电网有限公司和河北省电力有限公司以及我公司关于安全生产责任的处罚规定，公司对本次无票作业事件的处理决定如下：

（1）汽机车间调速班工作负责人王某某下岗1个月、撤销其工作负责人资格。

（2）汽机车间调速班班长马某某下岗1个月。

（3）发电部机长袁某某下岗1个月。

以上三人的下岗时间为7月23日至8月22日。三人于7月26日到安监部门报到，进行安全生产学习。

在本次事件中，汽机车间暴露出来工作票签发人管理问题，公司对汽机车间给予扣奖处罚1000元。

5. 技术措施或方案

（1）汽机车间、发电部从即日起进行安全整顿，并写出书面汇报接受公司的检查验收。

（2）认真组织员工学习讨论通报内容，从其思想根源上查找本部门的安全隐患和管理问题。

（3）工作票签发人同时外出，必须经公司主管领导批准。

（4）各部门认真汲取事件教训，有预见性地开展工作，通过对事件的"举一反三"和"四不放过"，真正把安全生产落到实处，防止类似事件的再次发生。

6. 其他相关资料

无。

7. 附件

无。

36　#3机3C电泵润滑油滤网刺油事件

1. 事件经过

2005年5月23日，运行人员通知检修班组，#3机3C电泵润滑油滤网前后压差大。检修班组到达现场，在切换电泵润滑油滤网后，未打开润滑油滤网顶部放空气门查看滤网是否泄压，且堵塞滤网判断失误，导致在拆卸滤网压盖时，带压润滑油喷出。

2. 原因分析

在更换滤网过程中，未正确隔离需更换的滤网，导致需更换的滤网内部带压；同时，在拆除滤网上端盖前，未打开滤网顶部放空气门查看滤网是否泄压，是此次事件发生的主要原因。

3. 处理方法或经过

在检修中对所有电泵润滑油滤网的放空气门进行检查修复，确保放空气门状态正常；同时，在工作票办理时增加开启滤网顶部放空气门的措施。

4. 考核情况

无。

5. 技术措施或方案

组织班组学习检修工艺，认真按照工序卡的工序执行，避免此类事件发生。

6. 其他相关资料

无。

7. 附件

无。

37 #2 机凝结水导电度升高硬度超标事件

1. 事件经过

2007 年 6 月 28 日，运行人员通知检修班组，凝结水存在导电度高缺陷。经班组人员检查确认，该缺陷为凝汽器管束泄漏所致，班组于 2007 年 7 月 1 日在机组运行期间解列凝汽器，进行贴膜找漏，但因泄漏点较小，找漏技术水平有限，未能确认泄漏管束，待凝结水导电度升高或机组停运时再处理缺陷。

2007 年 7 月 27 日，#2 机凝结水硬度超标严重，检修班组再次解列凝汽器进行管束检漏工作。在此次检漏中，检修班组共发现 7 根泄漏管束，并对其进行封堵处理，处理后凝结水硬度大大降低，导电度在标准值上下浮动。待机组停运时再进行凝汽器灌水检漏。

2008 年 5 月 17 日，检修班组利用 #2 机组临停机会进行凝汽器灌水检漏工作，共封堵 12 根泄露管束。机组启动后，凝结水硬度、导电度均合格。

2. 原因分析

#2 机凝汽器管束泄漏是凝结水导电度高的直接原因。

#2 机凝汽器管束的材质为铜，铜管导热性能良好，但不耐腐蚀，循环水水质较差，极易腐蚀铜管，从而造成泄漏。

3. 处理方法或经过

2007 年 6 月 28 日，检修班组得知 #2 机凝结水导电度高缺陷后，于 7 月 1 日进行凝汽器解列及管束贴膜检漏工作。由于本次管束泄漏点较小，且贴膜找漏方法存在技术限制，检修班组未能确认泄漏管束，之后持续观察导电度数据，待凝结水硬度、导电度升高或机组停运时处理此缺陷。机组运行期间，凝结水硬度高，则投锯末；硬度低，则投胶球。

2007 年 7 月 27 日，#2 机凝结水硬度超标严重，班组对 #2 机凝汽器再次进行贴膜检漏工作。在本次检查中，检修班组共发现并处理了 7 根泄漏管束，漏点处理后，凝结水硬度合格。导电度在不投锯末的情况下为 0.4 左右，投锯末时为 0.2 左右。待机组停运时，彻底处理该缺陷。

2008 年 5 月 17 日，#2 机临停，班组利用停机机会进行凝汽器灌水检漏，共处理 12 根泄漏管束，机组启动后，凝结水参数正常。

4. 考核情况

无

5. 技术措施或方案

（1）加大对机组检修中文件包、工序卡验收点的执行力度，确保验收点验收工作负责到位，确认设备检修质量合格，减少设备在机组运行期间出现问题的风险。

（2）因机组运行时间较长，设备老化严重，凝汽器铜管泄漏已成为频繁发生的安全问题，班组应积极推进凝汽器管束换型改造工作，以减少员工工作强度，保证机组安全稳定运行。

6. 其他相关资料

无。

7. 附件

无。

38 #3 机 #1 中主门关闭不到位事件

1. 事件经过

2007 年 10 月 12 日 14 时 22 分，检修班组接到运行人员通知，#3 机组停运后，#1 中主门未关闭到位。检修人员随即到场检查，多次尝试开启、关闭中主门，阀门开启基本正常，前半部关闭较快，后半部关闭逐步缓慢至不动，分析原因应为 #1 中主门汽侧内部部件结垢导致卡涩、动作迟缓。

因阀门解体检修条件有限，检修人员与运行人员沟通后，决定使用阀门门轴活动专用工具，人力活动阀门，断开阀门弹簧操纵座连接销后，使用工具反复活动阀门门轴，阀门逐步接近全关位置；直至 10 月 13 日 9 时，阀门可关闭到位，检修人员尝试机械开关阀门，阀门在接近全关时仍略显迟缓，检修人员分析阀门执行机构操纵座的弹簧弹力应有下降，将操纵座连杆调整垫厚度车削去除 15 mm，提高弹簧预压紧力，再次尝试机械开关阀门，阀门动作灵活，关闭迅速；12 时 50 分，消缺工作结束。

2. 原因分析

（1）中主门在运行时长期接触高温再热蒸汽，加之中主门的工作特性是在机组运行时，处于开启状态，汽侧内部各部件表面结垢严重，各间隙不断减小，甚至消失。当阀门关闭时，门轴与套间的相对摩擦力急剧增加，当其大于弹簧释放的力量时，就会导致阀门关闭缓慢甚至停止。

（2）中主门开启时，执行机构操纵座的弹簧长期处于压缩状态，其弹性随使用时间加长而逐渐降低，越到弹簧释放的最后阶段表现得越明显，阀门出现卡涩情况就越早出现。

3. 处理方法或经过

（1）在不具备阀门解体条件的情况下，检修班组通过不断活动阀门将活动部件表面结垢去除，去除过程务必循序渐进，避免动作过快导致部件卡死，损伤部件。

（2）当操纵座弹簧仍可使用时，通过减少调整垫的厚度以增加弹簧的预压紧力，弹簧释放最后阶段的关闭力得以增加。

4. 考核情况

无。

5.技术措施或方案

（1）严格按照工艺要求进行检修，严把检修质量关，检修后阀门各部间隙符合图纸要求，使阀门配合部件间存在足够的活动空间，使用周期满足机组的检修周期。

（2）定期对阀门执行机构弹簧进行检查测量，如果弹簧超限，则及时更换失效弹簧，以满足阀门使用要求，保证阀门开关正常。

6.其他相关资料

无。

7.附件

无。

39 汽机本体班一起起吊作业违章事件

1.事件经过

2007年11月25日15时左右，安全监察人员巡视检查到#5机6.9 m处发现，河北十二化建施工人员在进行起吊作业时，将一根 ϕ 219 mm、长约15 m 的钢管，违规压在6.9 m安全护栏上，安全监察人员立刻要求其停工整改。

图1-2 汽机本体班起吊作业违章情况

2.原因分析

主要原因：根据《安规》要求，安全护栏上禁止倚靠或停留，更不允许承载设备和部件。在本次事件，中河北十二化建施工人员为施工方便，将 ϕ 219 mm、长约 15 m 的钢管直接压在安全护栏上，很容易导致安全护栏坍塌损坏。如果安全护栏坍塌损坏，管道则直接掉落至 0 m，极易造成事故，此行为属于严重违章。

次要原因：汽机车间监护人员安全意识淡薄，未能及时发现和阻止施工人员的违章作业，监护人员的责任意识不强，存在以包代管的错误思想。

3. 处理方法或经过

发现违章后，安监人员立刻责令河北十二化建施工人员停工整改，并接受考核，参加安全培训考试，待其通过考试，并重新做好吊装安全措施后方可施工。

4. 考核情况

记汽机车间本体班监护人员李某某违章 1 次。

考核河北十二化建安全风险抵押金 400 元。

5. 技术措施或方案

（1）汽机车间应加强外包项目管理，开展外包项目安全施工专题会。

（2）汽机车间以此为鉴，对监护人员提高要求，完善监护制度。

6. 其他相关资料

无。

7. 附件

无。

40 #1 机 1C 电泵工作油冷油器油温高报警事件

1. 事件经过

2009 年 7 月 26 日，运行人员通知检修班组，因 1B 前置泵机封泄漏，开启 1C 电泵后，发现电泵工作油冷油器进、出口油温高报警，临时加外冷进行冷却。

检修班组查看台账，发现 #1 ～ #4 机多次出现电泵冷油器油温高现象，且冷油器内结垢严重，分析为电泵冷油器冷却水杂质多，导致冷油器内结垢严重，影响冷油器的冷却效果。班组决定，在电泵冷油器冷却水母管上加两路冷却水滤网（一路投运，另一路备用），可有效去除冷却水中的杂质，提高冷油器的冷却效果，减少因油温高而引起的设备缺陷。

2. 原因分析

电泵冷油器冷却水杂质多，导致冷油器内结垢严重，影响了冷油器的冷却效果，是导致冷油器油温高的主要原因。

3. 处理方法或经过

在电泵冷油器冷却水管上加两路冷却水滤网，有效去除冷却水中的杂质，提高冷却效果，减少因油温高而引起的设备缺陷。

4. 考核情况

无。

5. 技术措施或方案

所加的两路冷却水滤网中，一路投运，另一路备用；随时关注滤网压差，在滤网封堵后，及时切换并清理；滤网随机组检修进行清理工作。

6. 其他相关资料

无。

7. 附件

无。

41　#1 汽轮机转子喷珠污染润滑油事件

1. 事件经过

2009 年 11 月 1 日，在 #1 机组大修过程中，汽轮机转子喷珠作业造成 #3、#4、#5、#6 轴承箱严重污染，进而造成主机润滑油严重污染，后更换主机所有润滑油，保证机组正常开机。

2. 原因分析

（1）汽轮机转子喷珠作业不规范，施工人员未对喷珠现场进行有效严密防护，导致喷珠作业沙子飞扬，是润滑油污染的直接原因。

（2）汽轮机转子喷珠作业完成后，施工人员将转子吊至 12.6 m 平台进行最后吹扫，期间未对轴承箱进行有效严密防护，造成润滑油再次污染。

（3）对于转子第一次喷珠，班组成员管理经验欠缺，监护人员未及时制止施工人员违规作业，是导致本次事件的间接原因。

3. 处理方法或经过

发现润滑油污染严重后，车间立刻组织人员对喷珠现场及轴承箱进行严密防护，并安排人员进行润滑油滤油工作。经过两天的滤油，油质化验依然不合格，车间工作人员决定更换全部主机润滑油。主机润滑油全部更换后，油质化验合格，工作结束。

4. 考核情况

无。

5. 技术措施或方案

（1）加强对外包工程的管理和监护，不得以包代管。

（2）制定和完善喷珠作业安全技术措施，防止类似事件再次发生。

6. 其他相关资料

无。

7. 附件

无。

42 #4 机 4C 电动给水泵轴温高保护动作掉闸事件

1. 事件经过

2003 年 2 月 10 日 6 时 58 分，#4 炉水压试验前，运行人员开启 4C 电动给水泵。运行一段时间后，4C 电动给水泵轴温高保护动作掉闸。

2. 原因分析

冷油器冷却水投入不正常，润滑油温高。

3. 处理方法或经过

无。

4. 考核情况

（1）扣发电部奖金 500 元。

（2）耦合器油位低，影响了上水时间，扣发电部 100 元，扣汽机车间 200 元。

5. 技术措施或方案

检修后，运行人员对设备系统投运加强检查，发现参数异常及时处理。

6. 其他相关资料

无。

7. 附件

无。

43 #1 机循环水泵坑内水位急剧上升事件

1. 事件经过

2009 年 11 月 20 日，#1 机检修后进行水压试验。工业水泵开始运行后，巡检值班员检查时发现循环水泵坑内水位异常升高，为了防止循环水泵坑内设备被淹坏，工业水泵停运，水压试验终止。

2. 原因分析

（1）因 1A 循环水泵出口液控蝶阀开启 1/3，液控蝶阀后人孔门未上盖，工业水泵运行一定时间后，循环水泵前池水位高于人孔门，水从人孔门处流出，造成循环水泵坑内水位急剧升高。

（2）工作结束，系统恢复不到位，检查不到位。

3. 处理方法或经过

停运工业水泵，检修恢复人孔门，关闭 1A 循环水泵液控蝶阀，重新启动水压试验各系统，进行水压试验。

4. 考核情况

考核结束工作票班组 200 元、水压试验班组 200 元。

5. 技术措施或方案

（1）工作结束后，系统恢复要完善。

（2）系统投运前要仔细检查，投运后要加强巡视。

（3）尽量避免交叉作业。

6. 其他相关资料

无。

7. 附件

无。

2 电气篇

2.1 着火事件

01 380 V 零排放 I 段 2 号盘着火事件

1. 事件经过

2004 年 3 月 4 日 7 时左右，零排放值班员报告 #2 生水泵开启失败，检查发现配电室内有烟气（着火）。电气运行值班员检查发现保护未动作，手动拉开 #1、#2 零排放高低压开关及联络开关后，汇报值长，请求其组织人员灭火。后经检修确认是开关间隔放炮。电气运行值班员于 5 时进行巡回检查，没有检查零排放设备。

2. 原因分析

（1）生水泵故障引起开关掉闸，同时发生短路，保护未动作，且现场没有消防器材，延误灭火时机。

（2）在公司 2002 年 1 月下发的"三票三制"管理文件汇编中，电气运行二单元巡回检查包括零排放配电装置检查，电气运行值班员执行制度不严格，巡检不到位。

3. 处理方法或经过

无。

4. 考核情况

无。

5. 技术措施或方案

（1）组织巡检人员学习设备巡视管理制度及相关规定，明确巡检人员的职责。

（2）在外围配电室设置巡回检查记录本，要求巡检人员到场检查后登记、签名（已完成）。

（3）联系公安处，在零排放配电室放置消防器材（已完成）。

6. 其他相关资料

无。

7. 附件

无。

2.2 停机事件

02 #1 机组高压厂变低压侧 B 分支封闭母线短路停机事件

1. 事件经过

2000 年 4 月 18 日，故障前，#1 机组带 300 MW 负荷稳定运行。9 时 30 分，施工人员在工作负责人温某某的带领下进入施工现场进行施工。在施工过程中，施工人员将装有石子的编织袋用滑轮从机房顶逐个吊运至地面。10 时 25 分，工作负责人温某某因故离开工作现场。10 时 35 分，当施工人员将第五袋石子吊运到距地面 12 m 左右时，捆绑挂钩的绳索脱落，挂钩连同装有石子的编织袋一起落到机组 #1 高压厂变低压侧 B 分支封闭母线上，造成 #1 高压厂变低压侧 B 分支封闭母线短路，#1 机组高压厂变差动保护动作停机。经抢修，#1 机组高压厂变于当日 12 时 17 分重新并网。

2. 原因分析

#1 机组高压厂变低压侧 B 分支封闭母线短路。

3. 处理方法或经过

（1）对在生产场所进行施工的外包工程队，公司必须进行必要的生产及安全知识培训，施工人员通过考试后方可施工；同时，监护人员应对其进行监护，严格按照《小现场作业规定》执行。

（2）无论在任何情况下，工作负责人都应该认真履行自己应负的安全责任，时刻把握现场，跟踪现场。

（3）今后在运行设备区工作或进行施工必须采取切实有效的安全措施（如护栏、护网、护板等）。

4. 考核情况

立即停止本次事故的直接责任单位（建筑修缮公司）在我厂的所有施工项目的施工。

主要责任者：施工单位在施工中使用不安全用具，安全措施不到位，是事故的主要责任者，除按《河北西柏坡发电有限责任公司安全保证协议书》和工程承包合同相关条款对其进行处罚外，取消其今后在我厂工程投标及承揽工程的资格。

事故责任单位建筑修缮公司此项工作负责人下岗3个月。

西电实业总公司建筑修缮公司经理单位安全生产第一责任者扣奖1个月。

西电实业总公司建筑修缮公司经理助理扣当月50%奖金。

西电实业总公司主任工程师，负责实业总公司安全管理工作扣奖1个月。

西电实业总公司副总经理对安全管理负领导责任，扣当月50%奖金。

本次事故责任单位西点实业总公司停奖整顿2个月。

西电实业总公司总经理、副厂长扣当月奖金半个月。

电气车间监护人，因故离开工作地点时，未指定能胜任的人员临时代替，亦未告知现场工作人员。在吊运石子的工程中未能预见此项工作的危险性，未能及时制止施工人员的不安全行为，并采取可靠的安全措施。给予电气车间监护人下岗3个月处理。

变电班班长安排工作监护人员不力，扣奖1个月。

责令实业总公司、电气车间对此次事故进行专项整顿，并写出书面整顿总结，向厂安监部门汇报。

发电部一单元五值在此次事故处理中处理得当，恢复及时，奖励2000元，电气运行人员各奖励100元。

5. 技术措施或方案

（1）检修后设备系统投运加强检查，发现参数异常及时处理。

（2）外包作业施工时，监护人员如果离开监护现场，应立即暂停外包施工人员作业。

（3）在高空作业时，应特别注意对高空坠物砸伤人员或砸损设备的防范。

6. 其他相关资料

无。

7. 附件

无。

03　#1 发电机转子接地故障事件

1. 事件经过

2000 年 4 月 20 日，在 #1 机组启动升压过程中，发变组保护发出"转子一点接地"信号，于是工作人员进行了转子绝缘电阻值测量当转子转速在 500 r/min 以下时，绝缘电阻值为 50 MΩ，随着转速的升高绝缘电阻值不断下降；当转子转速到达 3000 r/min 时，绝缘电阻值只有几十欧姆，同时在转子两滑环上加交流 10 V 电压，分别测量两极对地电压，结果外环（正极）为 0.8 V，而内环（负极）为 9.2 V，显然发电机转子存在动态接地故障，于是工作人员决定立即申请停机进行抢修。

4 月 24 日，工作人员将 #1 发电机转子抽出后，看到转子表面多处有明显感应电流烧伤痕迹，主要集中在阻尼绕组槽楔接头处，同时在转子绕组槽楔上也有许多烧伤痕迹，有 100 余处，烧伤处的槽楔表面已变黑。

由于转子不稳定接地，在静止状态下，其绝缘电阻值较高，故采用交流击穿法进行电烧，结果 #17 槽励端第 1 出风区第 9 个风口冒烟，退出槽楔后，工作人员发现是两槽楔接头处下面的阻尼连接片（镀银铝片）烧熔后产生的铝渣流入槽楔而与铁心形成接地，且该槽所有阻尼连接片及槽楔相接处都有不同程度的熔铝现象。预试工作人员为确保机组运行安全，决定将转子所有槽楔全部退出，结果发现绝大部分槽楔相连处及阻尼连接片都有不同程度的熔铝现象，最严重的是转子阻尼绕组的槽楔处（大齿），同时又发现汽端端部的绝缘环对应内环极 #8 槽线圈底匝，有明显的高电阻接地的爬电点，同时该处的绝缘环也有约 100 mm² 被烧伤，烧伤达 1 mm 深，与此处对应的中心环也有放电的痕迹。

2. 原因分析

从整个事故过程看，4 月 19 日 23 时 20 分，在手跳 2312 开关后，2312 开关 C 相绝缘拉杆脱扣，致使导电触头未断开。当打闸停机 2313 开关跳开后，C 相单送 #1 主变通过主变中性点形成接地短路，时长达 7 s，因而在发电机上感应出较大的不平衡电流（发电机—主变单元接线方式，变压器为 Y/△接线），故在发电机转子表面产生负序电流，这是第一次故障。

第二次故障是 4 月 20 日 4 时 15 分，由于当时工作人员还未发现 2312 开关 C 相未断开，当 #1 发电机准备启动，在合入 2313-5 刀闸时，C 相再次单送 #1 主变，通过主变中性点形成接地短路，又一次在发电机感应出不平衡电流而产生负序电流。根据继电保护动作，工作人员分析该次持续时间达 25 s 之多，但由于此时发电机处于开机前的静止状态，负序电流值小于第一次故障值。

两次故障都在发电机中产生了负序电流，因而产生了一个负序旋转磁场，它的旋转方向与转子转向相反，当负序旋转磁场扫过转子表面时，会在转子铁心表面、槽楔、转子绕组、阻尼绕组以及转子的其他金属结构部件中感应出工频或二倍频的电势，造成转子铁心的附加涡流损耗和转子绕组的附加铜损。特别是转子铁心的附加涡流损耗，由于集肤效应集中于转子本体和各部件的表面，转子铁心表面发热。

危险的不是转子表面的普通发热，而是转子部件的局部发热。当负序电流沿着转子表面流过时，电流在各自的路径上需要通过许多转子部件的接触面，如转子的齿、槽楔和套箍等，由于各接触面的接触紧密性不同，因此接触电阻不等，接触较差的电阻比较高，这样一来，损耗主要就在这些接触面处产生，即使损耗的绝对值不大，也会引起局部高温，将零部件烧损。

两次故障所不同的是第一次发电机转子在惰走，而第二次转子静止不动。根据转子结构可以看出，制造厂为减小各槽楔相接处的接触电阻，在其下面衔入了一个镀银的铝制阻尼连接片，以减少涡流在该处的局部发热。但由于槽楔采用的是松打结构，该阻尼连接片只有在高速旋转时，依靠强大的离心力才与槽楔紧密接触，以减小其接触电阻。而这两次故障都不是发生在发电机高速旋转的情况下，特别是在第二次故障中，转子静止不动，此时阻尼连接片由于自身重力原因与阻尼槽楔接触较松，因而该处的电阻较大，在负序磁通的感应下，引起的涡流在该处所产生的温度很高，从而将阻尼槽楔相接处及其连接片烧熔，最后导致 #17 槽励侧第 1 出风区第 9 个风口处的阻尼连接片烧熔后产生的铝渣将线圈接地。

汽端内环极 #8 槽线圈底部爬电痕迹及匝间短路是由原来出厂时的污物造成的，属于高电阻接地，与本次槽楔烧伤无直接关系（出厂监造报告中可查）。

3.处理方法或经过

（1）拆下全部阻尼槽楔和绕组槽楔，将槽楔两端的烧伤处打磨平整光滑，更换新阻尼连接片 140 片（因时间所限，厂家无整套现货），其余 340 片仍使用烧伤不太严重且已打磨平整的旧连接片，对转子本体彻底吹扫后，重新回装全部槽楔。

（2）对 #17 槽灼伤处的绝缘槽衬进行彻底刮磨清理，并在该处槽衬的两侧各用一层涂有 YQ 厌氧胶的高强度复合绝缘纸（一层可耐压 20 kV）进行粘合并干燥。

（3）在汽端内环极 #8 槽线圈底部第 1、2、3 匝间各加装一层绝缘垫条，对绝缘端环烧伤处进行彻底的刮磨清理，并涂刷还氧胶。

（4）发电机转子槽楔及两端护环全部回装完毕后，交流耐压 1500 V，顺利通过；用 100 V 交流测量极间电压，内环为 99.86 V，外环为 99.7 V，极间电压只相差 0.16 V；测量交流阻抗与原来数值也基本一致，处理效果非常明显。

（5）在发电机启动升速过程中，不同转速下的交流阻抗值也与原来基本一致，并网发电后，机组振动值全部合格。

4. 考核情况

无。

5. 技术措施或方案

无。

6. 其他相关资料

无。

7. 附件

无。

04 300 MW 汽轮发电机定子铁心松动事件

1. 事件经过

2000 年 7 月 22 日，在 #3 发电机运行中，发变组保护突然发出"定子接地"故障信号。为了确认保护动作的正确性，检修人员立即对发电机机端 PT 的开口三角电压进行了测试，其结果是零序电压 $3U_0$=62.3 V，并且测试发电机中性点三次谐波电压，其结果是 $3U_w$=58.6 V，中性点电流为 1.23 A；同时又测试了发电机出口测量用 PT 和保护用 PT 的三相电压，结果分别是 U_{A613}=25.8 V，U_{B613}=78.5 V，U_{C613}=85.4V 及 U_{A623}=25.8 V，U_{B623}=78.5 V，U_{C623}=85.4 V。

根据以上数据分析，A 相电压明显低于 B、C 两相电压，且有较高的零序电压、三次谐波电压和中性点接地电流，所以完全可以断定发电机定子回路已经发生接地故障，于是检修人员立即采取果断措施，马上停机。为进一步确定故障是否在发电机内部，检修人员首先断开了发电机出口引线，分别测量了发电机定子绕组和封闭母线的绝缘电阻，结果封闭母线的绝缘性能良好，但发电机的定子绕阻绝缘电阻用万用表测量只有 800 Ω，在拆开发电机中性点（Y 型连接）后，再分别测量发电机三相绕组的绝缘电阻，结果如下。

表2-1 发电机三相绕组的绝缘电阻

类型	绝缘电阻		
	绕组对地 /MΩ	绕组对汇水管 /kΩ	汇水管对地 /kΩ
A 相	0.12	0.8	
B 相	1000	1000	65
C 相	1000	1000	

从测试的结果来看，发电机 A 相绕组确实已发生接地故障。

2. 原因分析

#3 发电机（QFSN-300-2）为哈尔滨电机厂产品，1998 年 10 月 4 日并网发电，该发电机采用水氢氢冷却方式。定子铁心由高导磁、低比损耗的冷轧无取向 0.5 mm 厚硅钢片冲制的扇形片叠压而成，冲片表面涂有硅钢片绝缘漆。定子铁心通过 18 根定位筋固定，铁心两端由无磁性压指及压圈紧固成一个整体，以确保铁心的紧密性。每根弹性定位筋焊接在机座的隔板上。定子铁心沿轴向分成 64 段，每段铁心间设置有宽度为 8 mm 的径向通风道，边端铁心长约 40 mm，且在齿部呈阶梯形，以增加漏磁阻，避免轴向磁通在齿端过于集中，同时边端铁心的齿部开有和嵌线槽深度相近的 2 mm 窄槽，以减小铁心端部的涡流损耗。

发电机解体后，为了确定具体接地故障点，检修人员对 A 相绕组采用施加交流电压的方法后，发现定子汽侧 A 相 #7 槽上层线圈槽口处（6 点钟位置）有放电声。检修人员检查发现 #7 槽上层线棒绝缘在第一段铁心的第一阶梯处被断裂的硅钢片沿径向方向锯出一道宽 6 mm 的深沟，线棒 5 mm 厚的主绝缘已全被锯透露铜而接地（接地点就在此处），且下层线棒绝缘也被锯出约 3 mm 深的沟槽；同时发现汽侧定子第一段铁心有近一半边端铁心的齿部都有不同程度的松动，还有四块掉下的铁心硅钢片。经进一步检查又发现以下缺陷：

（1）汽侧定子第一段铁心第一阶梯断齿情况（齿号 = 槽数 +1）：#46齿部分断齿，且对应的压指也有烧损；#52、#53 齿部分断齿；#7 齿部分断齿；#33 齿部分断齿；#37 齿也有损伤；#6 齿烧损严重且松动，并掉下一块

46 mm×6 mm 大小的硅钢片。

（2）对应 #6、#7、#47、#46、#52、#53 槽断齿的压指都有松动现象。

（3）#24 齿靠压指侧的硅钢片表面有烧熔现象。

（4）汽侧定子线棒绝缘损坏情况：#6 槽线棒绝缘也在第一段铁心的第一阶梯处被断裂的硅钢片沿径向方向锯出一道深约 4 mm 的沟槽；#52 槽上层线棒绝缘也在上述位置被锯出一道约 2 mm 深沟；汽侧 #31 槽上层线棒在槽口处有磨损，深约 1 mm；汽侧 #32、11 槽上层线棒在槽口处有轻微磨损。

（5）励侧 W2-V6（11 点钟位置）引线夹板紧固螺栓在运行中松动，螺母及锁片全部掉熔，已找到螺母，但未见锁片。

（6）励侧 V2-U1（9 点钟位置）引线夹板螺栓松动。

（7）转子励侧第 4 进风区第 1 排进风斗口边沿都有轻微磨损。

（8）铁心松动及定子接地故障原因分析：

发电机定子线圈接地的主要原因是定子边端铁心叠片松动。在发电机运行中，由于定子铁心承受着两倍工作频率的交变磁拉力和由温度变化而引起热应力的作用，因此叠片间绝缘漆膜干缩而产生缝隙。同时如果叠片的绝缘漆膜厚度不均，或因工艺质量问题，漆膜附着不牢，加之定子铁心本身的电磁振动，定子铁心叠片上的绝缘漆膜将会逐渐磨损，铁心进一步松动，从而加剧铁心的振动，这样久而久之地恶性循环下去，振动会越来越严重。特别是该发电机定子端部铁心压指较铁心齿部窄得多，压圈压指的紧力越大，紧靠压指两侧的边端铁心叠片则越向外张开，边端铁心也越松弛。同时，为阻止涡流通过，边端铁心齿部的中间位置开有 2 mm 宽的深槽，使得压指与边端铁心间的接触面仅限于中间很小一部分，压指两侧本来较松的边端铁心更加松弛，因而振动也将更加厉害。硅钢片在运行中由于长期剧烈振动产生疲劳而折断，折断的多是边端铁心齿部压指处的硅钢片，折断的长度一般不超过铁心压圈至齿顶的距离。硅钢片被折断后，碎片在交变电磁力和通风的作用下，可能会飞起，从而打坏线棒绝缘或被夹在铁心齿部与线棒之间上下振动，将定子线棒绝缘锯出一道窄槽，最终将线圈绝缘磨透而出现接地。

另外，端部铁心硅钢片的剧烈振动导致铁心叠片间绝缘损坏后，端部铁心的涡流损耗将进一步增加，因此齿部温升会更高，当达到一定程度时，铁心片间绝缘将全部损坏，最后造成铁心片间烧熔而短路，此时温度将达到几百摄氏度以上，其至烧坏相邻线棒的绝缘，后果将会更加严重。

3. 处理方法或经过

（1）将绝缘磨损较严重的 #6、#7、#52、#31 槽上层线棒全部更换。

（2）对 #7 槽下层线棒绝缘磨损处进行局部包扎处理。

（3）对于端部铁心松动之处，检修人员采用插片的方法以增强硅钢片间的绝缘，即用 0.2 mm 厚的环氧玻璃布板与铁心硅钢片以隔一片或两片的方式细心插入，插入的片数及每片插入的深度由铁心松动的程度决定，最大插入深度约 100 mm。

（4）在对上述边端松动铁心插完一遍绝缘片后，做一次铁损试验，然后对松动铁心温升或温差超标的齿部重新插片，之后再做铁损试验，如此反复，连续做了四次铁损试验，仍有多点温升超标（标准为温升不大于 25℃，齿温差不大于 15℃），特别是 #15、#24、#10 等齿边段温度最高，有时在 10 min 试验内温度就超过 100℃。由于铁心两侧紧靠线圈，向更深处继续插片非常困难，因此检修人员决定拆除 #11、#15、#16、#24、#25 槽线圈，这样便于插片到更深处，以增强片间绝缘和减小涡流，从而达到降低温升的目的，又反复做了十几次试验，效果并不十分明显。于是，检修人员又陆续拆掉 #31、#23、#46 和 #47 槽上层线棒，以便进一步插片。经过反复插片和试验后，#24 和 #46 汽侧端部铁心铁损试验的温升仍然严重超标，有时还超过 100℃，在近二十次反复插片仍无法降低温升的情况下，检修人员只好将这两边段齿部温度最高处的硅钢片铲掉长约 25 mm，深约 40 mm 的一段，然后用环氧玻璃布板做成适型假齿固定牢靠。然后在安装转子前做最终一次铁损试验，试验参数及结果如下：

试验电压为 6294 V；电流为 213.2 A；功耗为 282 kW；磁通密度为 1.347 T。

表2-2 #3发电机定子铁损试验各部温度情况记录（安装转子前）

日期：2000 年 8 月 28 日

齿号	0′	10′	20′	30′	45′	50′	齿号	0′	10′	20′	30′	45′	50′
1	37	39	40	40	41		28	38	39	40	42	43	
2	37	39	40	40	43		29	38	41	44	44	48	
3	37	39	40	40	42		30	39	49	55	61	64	66
4	38	39	40	41	42		31	38	45	49	54	57	58
5	37	38	41	44	45		32	39	44	48	52	54	
6	37	44	48	57	60	60	33	38	40	41	42	43	
7	37	43	48	59	66	66	34	38	40	40	41	42	
8	37	38	40	42	44		35	38	40	40	41	43	
9	38	40	42	47	49		36	38	40	40	41	43	

齿号	0′	10′	20′	30′	45′	50′	齿号	0′	10′	20′	30′	45′	50′
10	37	42	44	46	49		37	38	41	43	60	71	73
11	38	42	45	50	54		38	38	40	41	46	46	
12	38	42	44	46	49		39	38	40	40	43	43	
13	37	39	41	42	43		40	38	39	40	41	42	
14	38	40	41	42	43		41	38	39	40	41	42	
15	38	44	50	54	56		42	38	39	40	41	43	
16	38	42	45	48	51		43	38	39	40	44	43	
17	38	40	41	43	44		44	38	39	40	41	43	
18	38	40	41	43	45		45	38	40	41	43	44	
19	38	40	42	44	44		46	38	42	44	47	47	
20	38	40	41	41	44		47	38	40	41	45	48	
21	38	39	40	41	43		48	39	40	41	42	44	
22	38	42	46	48	52		49	39	41	42	42	43	
23	38	44	47	55	53		50	39	41	43	44	48	
24	38	42	44	49	56		51	39	42	44	47	51	
25	38	39	40	42	43		52	39	42	44	55	57	
26	38	39	40	41	42		53	39	40	41	42	44	
27	38	39	40	41	42		54	39	40	41	42	43	

注：1. 表内数据为定子汽侧端部第一段铁心的温度。（室温为31℃）

　　2. 定子铁心其他各部位有几点最高温度为63℃，大部分温度在42℃左右。

从温升情况看，最高齿温73 ℃，最低齿温41 ℃，与试验前齿温38 ℃相比，最大温升为35 ℃，最大齿温差为32 ℃，与1.4 T磁通密度试验下，45 min内铁心温升不大于25 ℃和齿温差不大于15 ℃的标准相比，温升明显超标的有3点，齿温差超标的有6点。但由于条件所限，经厂家确认这样可以保证机组安全运行一个大修周期，到下一次大修时再做彻底处理。

4. 考核情况

无。

5. 技术措施或方案

为防止定子边端铁心松动，定子两端第一段铁心叠片间应采用硅钢片黏结胶进行黏结，并经烘焙固化，使其形成一个牢固的整体，从而可以防止定子边端铁心齿部在交变电磁场的作用下产生振动。

为防止定子边端铁心松动，也可以将两端压指做成与铁心齿部相同的宽度，这样使得整个边端铁心的外端面所受压力相同，边端铁心叠片压得更实更紧，从而防止定子边端铁心松动。

300 MW 发电机进行铁损试验时，磁通密度必须保证在 1.4 T 左右，时间为 45 min。根据试验情况，如果磁通密度在 1.2 T 以下，即使时间加长到 80 min，铁心温升也低得多，不能反映出实际情况，所以必须保证 1.4 T 左右的磁通密度值。

为保证铁损试验的磁通密度值，现场需考虑电源容量等，最好采用 6 kV 电压等级，但由于试验线圈只使用变压器的两相电源，此为较大不平衡负荷，试验中在合闸瞬间必然产生较大的励磁涌流和负序电流，所以应考虑变压器的过流保护定值以及对发电机组的影响等问题。

6. 其他相关资料

无。

7. 附件

无。

05　#4 主变压力释放事件

1. 事件经过

2000 年 8 月 21 日 22 时 10 分，#4 机组在运行中跳闸，无动作信号，当时电气检修人员检查和摇测绝缘后未发现问题，#4 机组并网运行。2000 年 8 月 27 日 10 时 10 分，#4 机组在运行中跳闸，主控阀主变压力释放信号，故障处理后，11 时 50 分，#4 机组并网运行。

2. 原因分析

检修人员在摇测中发现主变压力释放回路绝缘低，后检查发现，压力开关触点引出线和电缆的接头在压力释放头罩体外，且仅用绝缘胶布包裹置于变压器的器身上。因风吹雨淋，接头及电缆老化，下雨使主变压力释放回路（变压器顶部压力释放头）接线头处受潮短路，造成保护动作跳闸。

3. 处理方法或经过

检修人员用用绝缘自黏胶带对 #4 主变压力释放回路（变压器顶部压力释放头）接线头重新进行包扎处理。

4. 考核情况

此次事件构成一类障碍，统计在电气车间。

5. 技术措施或方案

（1）对 #1、#2、#3 主变、厂变及 #10、#20 启备变的有关回路进行检查，发现问题及时处理。

（2）结合设备停运计划，对所有室外变压器的电缆及接头进行改良（包括电缆更换及将接头位置移至避雨处）。

6. 其他相关资料

无。

7. 附件

无。

06　4B 引风机开关短路故障停机事件

1. 事件经过

2001 年 8 月 2 日 0 时 50 分，#4 机组带 180 MW 负荷运行中，#4 发电机警铃突然响起，2363、2362、FMK、41E 开关及高厂变低压侧 744A、744B 开关跳闸，#4 发电机停机。#20 启备变低压侧开关 704A 开关自投成功，704B 开关自投失败。#4 发电机屏出现"高厂变重瓦斯""#4 高厂变轻瓦斯""失磁"光字牌，经查 6kV 4B 段 4B 引风机开关间隔着火，开关短路烧毁。

2. 原因分析

此次事故原因是 4B 引风机开关单相避雷器故障击穿造成单相接地，使非故障相电压升高为线电压，引发另相避雷器爆炸。因故障在开关 CT 上侧，4B 引风机保护无法动作。发生短路故障时，高压厂变的动稳定不满足要求，从而造成损坏。故障发生 1.3 s 时，高压厂变重瓦斯动作，机组停运。高压厂变 B 低压分支过流保护启动，但因保护动作时间整定为 2.2 s，尚未出口跳闸。6kV 4A 段自投成功，4B 段自投于故障后，后加速跳闸，运行人员抢合 744B 开关，因后加速跳闸已解除，备用分支过流保护于 3 s 后跳闸。

3. 处理方法或经过

恢复 4B 引风机开关间隔烧损的一二次设备。

4.考核情况

此次故障构成一类障碍，统计在发电部。对此次故障的考核，按故障责任划分如下：发电部承担扣奖金额的 60%，电气车间承担扣奖金额的 40%。

5.技术措施或方案

（1）为防止小动物进入 6 kV 系统，将 6 kV 工作段、公用段的门更换为严密且带自闭装置的门，门的底部采取密闭措施。并要求运行、检修人员进出段内，必须随手关门。对 6 kV 系统的所有电缆孔洞及建筑物上的孔洞再次进行仔细检查，发现问题及时提出并处理。

（2）为保证 6 kV 系统的安全，可考虑避雷器的选型改造和接入位置的改动。

（3）考虑主厂变负荷侧故障时，保护配置方式、时间定值配合及闭锁的改进。

（4）为 BZT 后加速跳闸回路加信号。

（5）查找并分析 442 开关未自投的原因。

6.其他相关资料

无。

7.附件

无。

07 #1 发电机滑环烧损事件

1.事件经过

2002 年 1 月 15 日 20 时 40 分，#1 发电机运行时，励侧碳刷突然打火，并逐渐发展形成环火。于是运行人员在 20 时 45 分开始倒厂用电，20 时 53 分，被迫打闸停机。当时发电机的有功负荷为 250 MW，无功负荷为 50 Mvar，在有功负荷降到 150 MW，无功负荷降到 25 Mvar 时紧急停机。

2.原因分析

（1）碳刷盒尺寸不标准，大小不一致。更换碳刷时须对碳刷进行手工研磨加工，手工加工精度差，造成碳刷与刷盒的配合间隙很难合适，容易忽松忽紧，碳刷在刷盒内的滑动存在卡涩，致使碳刷与滑环接触不良，电流分配不均，造成通流较大部分的碳刷过热，发生打火现象。

（2）运行人员发现碳刷打火不及时，未立即采取控制措施，致使最终形成环火，烧坏碳刷和刷盒。

（3）发现形成环火后，运行人员又未立即打闸停机，碳刷形成环火时间过长，最终将滑环及其绝缘套、刷架支撑绝缘板等烧坏。

3. 处理方法或经过

更换励侧滑环及其绝缘套、励侧刷盒、励侧刷架支撑绝缘板等，发电机于 22 日 11 时 9 分并网。

4. 考核情况

此次故障构成一类障碍，统计在发电部。电气车间对该设备负有检修、维护不当的责任。

5. 技术措施或方案

（1）运行人员应加强巡检，发现异常立即采取控制措施。当环火无法控制时，运行人员应立即打闸停机，防止事故扩大。

（2）发电部应增设一名点检人员，该人员专门负责发电机励磁系统和碳刷的日常点检工作。

（3）每次大小修时，工作人员必须更换、调整碳刷。

（4）更换的碳刷需要加工时，工作人员一定要将碳刷的四面加工方正，碳刷与刷盒的间隙以及弹簧压力必须满足检修工艺规程的要求。

（5）工作人员在购买碳刷时，应一次性购买大批同型号同批次的碳刷，后续不能轻易更换碳刷型号。

（6）若不得不更换非同批号的碳刷，应将全部碳刷同时进行更换。

（7）检修部门的设备专责人员要按巡检制度的规定，定期对碳刷、滑环进行巡检。

6. 其他相关资料

无。

7. 附件

无。

08 #1 发电机漏氢事件

1. 事件经过

2002 年 2 月 14 日 16 时 30 分，运行人员发现处在备用状态下的 #1 发电机内冷水箱压力升高。检修人员将水压由 0.247 MPa 降至 0.2 MPa 后，发现内冷水压力又缓慢上升到 0.215 MPa，而就地水冷箱表压为 0，打开水冷箱顶部排气门后有氢气排出，用氢气检漏仪测试，发现显示数值已达 130，氢气压力也逐渐降低。检修人员判断发电机内冷水系统已经渗漏氢气，于是决定马上进行排氢处理。此时在发电机底部排污管处排污，未发现有水。

经过查对发电机主控室内冷水压力表，检修人员发现 13 日 12 时到 14 时，内冷水压力由 0.216 MPa 上升至 0.227 MPa；到 13 日 20 时 58 分，内冷水压力上升到 0.23 MPa；14 日，内冷水压力上升到 0.237 MPa；到 14 日 9 时 30 分，内冷水压力上升到 0.247 MPa。这说明发电机从 13 日就已开始漏氢。

2. 原因分析

无。

3. 处理方法或经过

为了查找发电机的漏氢之处，检修人员将发电机定子内冷水压力从 0.1 MPa 一直升到 0.3 MPa，从汽励两侧人孔门分别进入发电机内部，仔细检查发电机下部两端定子线圈水接头和内冷水管法兰以及励侧出线罩等处后，都未发现渗漏点，但是发现汽侧 B 组氢冷器有一根管渗水（它的水路与发电机内冷水不是一个回路）。

为了判断发电机是否漏氢，检修人员决定做一次发电机的整体气密试验，用压缩空气将压力升到 0.3 MPa，并充入少量氟利昂气体（此时发电机内冷水压力为 0.075 MPa）。从 15 日 24 时开始，一直到 16 日 9 时，气体压力一直很稳定，基本保持在 0.3 MPa，但是用氢气检漏仪在发电机内冷水箱顶部排气门处进行测试时，氢气检漏仪一直报警，而在此处的压力表却没有压力指示，这说明发电机内冷水回路的确有渗漏点，但只是微漏。为进一步分析发电机漏氢的程度（漏氢量不超过 3% 的发电机是可以运行的），检修人员决定对发电机进行充氢，在内冷水箱顶部排气门处检验发电机的漏氢量，以便决策是否再进一步查找渗漏点。

通过充氢，压力到达 0.3 MPa，在定子内冷水压力为 0.075 MPa 的状态下，用氢气检漏仪在内冷水箱顶部排气门处测试，表计显示数值一直在 20 ～ 115 范围内变化（氢气检漏仪显示 100 数值时，折算成氢气含量最大为 5%），但该处压力表却无指示，显示为 0，同时在 10 h 内氢气压力基本上维持在 0.3 MPa 不变，这说明发电机漏氢量很小。因为氢气检漏仪的最大量程只有 5%，所以上述方法还不能说明发电机漏氢的浓度到底是多少。因此，检修人员决定采用抬高内冷水箱水位的方法，将水箱顶部积存氢气的空间压缩，漏出氢气的压力增高后，用球胆采集氢气进行化验，结果显示氢气浓度为 56%，当内冷水压力由 0.075 MPa 提高到 0.2 MPa 后，由于其与 0.3 MPa 氢气压力的压差变小，再次测试时已没有氢气。但是当内冷水箱进行补换水时，水箱中的水位不断变化，容易造成顶部压力的变化，此时如果用氢气检漏仪在该排气门处测试，氢气检漏仪就会一直显示 50～100 数值并报警，如果此时关闭该排气门，隔一段时间后该处的压力表就会有指示，显示大于 0.01 MPa。

结论：当发电机氢气压力不降低，且内冷水箱顶部空间没有压力，只有发电机定子内冷水回路轻微渗漏氢气时，发电机可以继续运行。

4. 考核情况

无。

5. 技术措施或方案

无。

6. 其他相关资料

无。

7. 附件

无。

09 #3 机拉直流造成 #3 机停机事件

1. 事件经过

2003 年 8 月 23 日 11 时，#3 发电机中央信号屏出现"控制直流绝缘监察装置故障"光字牌，经查为控制直流 II"正"对地接地，接地电压为 18 V。继电保护班检查发现，控制直流 II 母线绝缘监察装置显示第 6、7 路控制直流负荷对地电阻小，继电保护班查线确定第 6 路直流负荷为 6 kV 配电装置 3B 段，第 7 路直流负荷为单控室发变组保护 C 柜（#7 控制屏）。因为正在下雨，为了避免"负"极接地后造成更大的事故，需对控制直流 II 母线上的动力拉路确定接地点，继电保护班交代以前类似的问题也均采用拉路法查找接地点，未发生问题，并认为室外设备淋雨可能造成其控制回路绝缘下降，故应先拉室外设备以尽快排除接地点。

14 时，#3 机组负荷 220 MW，炉膛压力平稳，燃烧稳定。锅炉值班员和继电保护班一起先后对 #2 斗轮机、#24 动力泵、3C 排粉机、3C 磨煤机、3D 排粉机、3D 磨煤机、3B 一次风机等控制直流 II 母线上 6 kV 3B 段直流负荷进行了拉路，未查出接地点。14 时 10 分左右，操作人员对 3B 送风机进行拉路检查，3B 送风机开关操作保险断开后，3B 送风机状态变黄、电流为 0，几秒后送上 3B 送风机操作保险，送风机状态变红、电流恢复正常。此时，锅炉值班员发现 3A、3B 送风机动叶自调切除，3A 吸风机动叶自调切除，3B 吸风机动叶自调切除且动叶自关为 0，#3 锅炉立屏上炉膛负压表变正到头，锅炉值班员立即手动调整 3B 吸风机动叶，炉膛负压表不见回头，锅炉值班员马上调出送风机画面，准备手停 3B 送风机。此时，事故喇叭响起，锅炉 MFT 动作（锅炉首出记忆"炉膛压力高"保护动作），大联锁启动，汽机掉闸。汽机掉闸后，#1、#2 高压主汽门及 #1 中压主汽门未关闭，2341、2342 开关未跳闸，厂用电未切换，汽机车间人员立即关闭电动主汽门，迅速手拉 FMK 开关，#3 发电机解列灭磁，厂用电自投成功，汽机就地手动打闸，#1 中压主汽门关下，约 5 min 后 #1、#2 高压主汽门自动缓慢关下。

14 时 30 分，#3 锅炉点火成功；15 时 20 分，挂闸冲车；15 时 46 分，并网。

2. 原因分析

（1）拉送风机直流时，逻辑回路设计有问题，造成送风机电流没有显示，而实际送风机没有停，使吸风机动叶关闭，炉膛压力高动作。

（2）由于拉直流造成送风机状态变黄，炉压自调失灵，因此炉膛压力突然变正，致使炉压高保护动作 MFT。

（3）2003 年 8 月 23 日 14 时，#3 机组负荷 22.5 万 kW，各台风机运行正常，锅炉燃烧正常，但电气系统有故障。14 时 8 分，在检查过程中，操作人员断开 3B 送风机直流操作电源，3B 送风机画面显示变黄，3B 送风机运行电流回零，3B 送风机入口挡板自调切除；同时，后中排 4 台给粉机被切除；几秒后，3B 送风机控制直流恢复，但 3B 引风机入口挡板已开始闭合，3A、3B 引风机入口动叶自调切除，3B 送风机入口挡板自调切除；约 30 s 后，炉膛负压高保护动作，MFT 发生，#3 锅炉停炉灭火。

热控 DCS 系统接受电气的两路 3B 送风机运行状态信号，即 SI7101BR 信号（3B 送风机油开关合）、ZI7101BR 信号（3B 送风机运行）。其中，SI7101BR 信号连锁 3B 送风机出、入口挡板动作，ZI7101BR 信号连锁送风机 RB。14 时 8 分 44 秒，3B 送风机运行状态信号 ZI7101BR 从 1 变为 0，且 3B 送风机运行电流小于 5A；14 时 8 分 46 秒，操作人员使送风机 RB 逻辑由 0 变为 1，同时 3B 送风机调节切手动逻辑置 1，切除后中排 4 台给粉机，引发关闭了 B 引风机入口动叶逻辑，脉冲宽度 30 s；14 时 8 分 52 秒 ZI7101BR 复位；14 时 8 分 54 秒，RB 复位；14 时 8 分 58 秒，炉膛负压偏差大，引风机 A、B 调节切手动逻辑置 1，导致送风机 A 调节切手动逻辑置 1；14 时 9 分 28 秒，炉膛压力达到 1.6 kPa,炉膛压力高保护动作，MFT 置位，#3 锅炉停炉灭火。

因为实际的 3B 送风机未停，SI7101BR 信号仍为 1，所以 3B 送风机出、入口挡板为联关。

3. 处理方法或经过

无。

4. 考核情况

考核发电部奖金 5000 元。

5. 技术措施或方案

（1）查清风机控制回路逻辑并改进，防止类似事件发生。

（2）提高员工对突发事件的应变能力，加强其事故处理能力。

（3）今后在拉主要辅机的控制直流时，应认真查清并核实其相关控制逻辑，在做出相应保护措施后，方可进行操作。

6. 其他相关资料

无。

7. 附件

无。

10 #2 机保安段失电导致停机事件

1. 事件经过

2003 年 9 月 5 日 9 时 52 分，380 V 保安 2B1 段 323 电源开关掉闸，#2 柴油发电机自启动成功，出口 120 开关拒合，380 V 保安 2B1 段母线失电，造成 2B 汽动给水泵 A、B 油泵和 2C 电动给水泵油泵失电，2B 汽动给水泵掉闸，2C 电动给水泵不能联起。运行人员立即将 #2 机 DEH 切至手动降负荷，9 时 54 分，#2 机负荷降至 190 MW，#2 锅炉汽包水位低保护动作停机。

2. 原因分析

无。

3. 处理方法或经过

检修人员查明 2B 汽动给水泵的掉闸原因后，#2 机组启动。

4. 考核情况

此次故障构成一类障碍，考核在电气车间。

5. 技术措施或方案

（1）2B 汽动给水泵 A、B 油泵电源原设计都接在 380 V 保安 2B1 段，设计不合理。利用机组检修机会，检修人员将 2B 汽动给水泵 A、B 油泵电源分别接在 380 V 保安 2A1、2B1 段，避免一个保安段失电导致 2B 汽动给水泵 A、B 油泵都掉闸。

（2）此次故障暴露出 2B 汽动给水泵 A、B 油泵电源设计不合理，#2 柴油发电机出口 120 开关拒合等问题，希望各有关部门汲取此次故障的教训，举一反三，责成安全生产技术部拿出改进方案，并尽快落实，避免类似故障再次发生。

6. 其他相关资料

无。

7. 附件

无。

11　#21 除灰变开关短路引起停机事件

1. 事件经过

2004 年 8 月 18 日 5 时 51 分，#3 锅炉 MFT 出口全炉膛灭火，发出"逆功率 I""失磁"信号，厂用电切换成功。运行人员就地检查确认为 #3 机 B 侧低压动力负荷掉闸（接触器类）（含给粉机），6 kV#21 除灰变开关间隔短路。现场察看，6kV #21 除灰变开关速断出口、6kV B 段 0.5 s 低电压出口、逆功率 I 出口、失磁出口。热工追忆，3B 吸风机掉闸，全炉膛灭火，MFT 出口。

2. 原因分析

（1）此次事故由 6kV#21 除灰变开关负荷侧短路引起。短路（接地刀闸绝缘子部位）原因是该开关柜负荷小间进入老鼠。工作人员速断出口，延时出口 0.5 s 低电压。

（2）#3 机 B 侧低压动力负荷掉闸（接触器类）原因是短路造成低电压。虽然电压追忆曲线无法追忆电压的波动情况（电压曲线每一秒采一个点），但是从电压由 6 kV 低电压降至 70% 出口的情况看，当时短路造成的电压降低已超过 70%。此时交流接触器已无法保持，所以造成 #3 机 B 侧低压动力负荷掉闸（接触器类）。

（3）3B 吸风机掉闸的原因是 3B 吸风机电机油站、液压油站均为 #3 机 B 侧低压母线供电，且就地为接触器控制。当 B 侧出现低电压时，油站接触器不能保持，油站失电，3B 吸风机掉闸。

（4）由于 #3 机 B 侧低压母线电压降低，给粉机 B 路电源丧失，在切换 A 路电源的过程中，逻辑判断给粉机 2/4 停运，全炉膛灭火，MFT 出口，主燃料跳闸。由于汽机主汽门故障，逆功率 I 出口，并出口失磁。

3. 处理方法或经过

事故发生后，运行人员及时停电进行处理，消除故障点并处理母线绝缘后，试验合格，送电恢复。

4. 考核情况

此次故障构成一类障碍，统计在电气车间。

5. 技术措施或方案

（1）从以上分析可以看出，此次事故的直接起因是 6kV #21 除灰变开关柜负荷小间进入老鼠。

（2）在此次事故中，电气保护动作正确，无误动。

（3）造成此次灭火停机事件的直接原因——给粉机掉闸全炉膛灭火，还有待与热工专业人员共同研究解决。

6. 其他相关资料

无。

7. 附件

无。

12　消除直流系统接地造成 #4 发电机组停机事件

1. 事件经过

2004 年 8 月 30 日 18 时 56 分，#4 发电机组电气盘光字牌出现"控制直流绝缘监察装置故障"报警信号，电气主值班员通知继电保护班人员到场配合查找直流接地故障，拉了几路直流电源后，接地故障光字牌仍不恢复，电气主值班员请示当值值长后，于 19 时 31 分利用母联刀闸将控制直流 II 母线倒换为控制直流Ⅰ母线。随后，#4 发电机组因"炉膛压力高"保护动作，MFT 动作锅炉灭火停机。经查实，在母联开关切换时，控制直流Ⅰ母线瞬时失电，各分路直流控制电源失电是造成机组停运的直接原因。

#4 机组重新启动于 21 时 04 分并网运行。

2. 原因分析

（1）发电部领导对本单位员工的安全教育、遵章守制的培训存在漏洞，对曾经发生过的故障整改措施落实不力。

（2）值长、主值班员保护电网的安全意识差，违反电气运行规程和生产部下发的关于 #3、#4 机组拉直流的技术措施：关于拉直流措施中应先退出"RB"功能的规定；关于尽量安排在低负荷时拉直流的规定；关于联系热工人员到场采取防止误动措施的规定。

（3）主值班员对二单元直流电源系统的倒换方式不熟悉，存在盲目操作行为。

（4）当值值长对二单元直流系统的切换方式不了解，也没有查看规程、图纸、规定，在主值班员口头叙述切换母联开关不会出问题的情况下，同意切换直流母线联络开关。

3. 处理方法或经过

将该事件以通报形式迅速传达给公司全体员工，以警示员工遵章守制，恪尽职守，安全生产。

发电部要立即开展"学规程反违章活动"，查找近期三起违章行为的根源，要总结反思为什么屡屡发生有章不循，而凭经验、凭印象、想当然、凭主观臆断操作的违章行为。

4. 考核情况

此故障按甲类一类障碍统计在发电部。

根据河北省电力有限公司关于严重违章处罚的规定和我公司的安全考核标准，对直接责任者电气主值班员给予下岗 3 个月处罚，时间自 2004 年 9 月 1 日至 11 月 30 日。对当值值长给予下岗一个半月处罚，时间自 2004 年 9 月 1 日至 10 月 15 日。

5. 技术措施或方案

无。

6. 其他相关资料

无。

7. 附件

无。

13 #3 发电机组因副励磁机接线端子过热停机事件

1. 事件经过

2005 年 6 月 1 日 11 时，#3 发电机组因副励磁机接线端子过热停机。

2. 原因分析

副励磁机接线端子的紧固螺母下面配有弹簧垫圈，中性点的铜连接板上加工的螺栓孔径偏大，弹簧垫嵌入孔内，副励磁机的接线端子经过弹簧垫与中性点连接板构成输出通道，输出电流流经弹簧垫，因弹簧垫接触面积小，接触电阻大，弹簧垫过热烧红。

3. 处理方法

将弹簧垫去掉，清理副励磁机接线柱，重新配置平垫圈，加装锁紧螺母，重新紧固引线，#3 发电机组恢复正常运行。

4. 考核情况

此次事件构成一类障碍，统计在电气车间。

5. 技术措施或方案

（1）在机组检修时，重新制作中性点连接板，保证加工的螺栓孔与接线端子的直径适配。

（2）取消接线端子的弹簧垫圈，保证平垫圈齐全；增加锁紧螺母，保证接线紧固不松动。

6. 其他相关资料

无。

7. 附件

无。

14 #4 发电机失磁停机事件

1. 事件经过

2005 年 7 月 4 日 19 时 24 分, #4 发电机励磁转子至励磁调节器间电缆故障, 导致 #4 发电机失磁停机。

2. 原因分析

#4 发电机主励磁机磁场接地检测装置电缆芯间短路, 造成励磁转子正负极短路, 发电机失磁停机。

3. 处理方法或经过

将烧损的电缆拆除。

4. 考核情况

此次事件构成一类障碍, 统计在电气车间。

5. 技术措施或方案

（1）将无用废弃的装置和电缆拆除。

（2）全面检查励磁回路, 避免废弃、寄生回路对励磁装置造成安全运行隐患。

6. 其他相关资料

无。

7. 附件

无。

15 并网信号失去导致 #3 机组跳闸事件

1. 事件经过

2005 年 11 月 21 日 7 时 47 分, #3 机组带 200 MW 负荷正常运行, 运行人员发现机组负荷突然甩为 0, 发电机并网 2341 开关运行指示灯灭, 但机组转速仍稳定在 3000 r/min, 主控运行人员手拉 2341 开关失败。在确认并网开关未掉, 机组仍未与系统解列的情况下, 当值运行人员试图升机组负荷时, 因锅炉水位无法维持而启动 MFT, 汽机主汽门关闭, 发变组程跳逆功率保护动作跳开 2341 开关, #3 机组停运。机组停运前, 220 kV 系统正在进行西常 I 线停电检修的有关操作。#3 机组于 9 时 30 分并网运行。

2. 原因分析

二期工程中用于 #3、#4 机组 DEH 的并网信号取自机组 220 kV 系统两并网开关 2341、2342（2363、2363）分相操作箱的 HWJ 扩展继电器接点，接点状态开关辅助接点控制，但与开关操作电源有关。11 月 21 日 7 时 47 分，当网控电气运行人员进行 220 kV 系统西常 I 线停电检修的相关操作时，发现 2342、2343 开关已停运，在网控室操作取下 2342 开关操作电源负极保险时，因该保险座与 2341 开关操作电源保险座靠在一起，产生的振动造成 2341 开关操作电源保险座接触不良而使 2341 单开关并网运行，该开关操作电源失电使反映开关位置的分相操作箱 HWJ 扩展继电器返回，给 #3 机组 DEH 的并网信号消失，DEH 逻辑判断为机组解列，关调门，机组负荷降为 0。主控发电机并网 2341 开关运行指示灯灭及运行人员手拉 2341 开关失败的原因为 2341 开关操作电源失电。在网控电气运行人员及时恢复 2341、2342 开关操作保险后，发电机逆功率保护跳开 2341 开关，#3 机组与系统解列停机。

3. 处理方法或经过

检修人员对 2341 开关操作保险座进行处理后送保险正常，机组并网运行。

4. 考核情况

此次事件构成一类障碍，暂统计在厂部。此次事件暴露出 #3 机并网信号设计不合理。当值运行人员对并网设备系统不熟悉，事故预想没有落实，对不安全事件应急处理不当，扣发电部奖金 3000 元；故障发生后，当值运行人员没有及时提供真实情况，造成并网时间延误，特扣当值运行人员 500 元。

5. 技术措施或方案

（1）运行人员对回路的重要性及相关操作的注意事项认识不清，在机组单开关并网运行时，在未采取任何安全措施的情况下误碰运行开关操作保险，造成保险接触不良而使 2341 开关操作电源失电，机组停运。

（2）运行人员对操作保险是否存在问题不清楚。在每次停送保险时应仔细检查确认保险是否送好、紧力是否足够；在遇到问题无法解决时，应联系检修人员及时处理，保证保险送入到位接触可靠。

（3）网控各串三开关操作保险布置不合理，各开关保险座空间布置位置上不独立，造成操作时存在误碰的可能性。利用检修改进保护布置情况，使各开关保险座在空间上相对独立。

（4）核实 2341、2342 开关及 2362、2363 开关备用辅助接点的数量情况，利用检修将机组并网接点改为直接用开关辅助接点，以提高其可靠性。在 #4 机组大修中完成 #4 机组 2362、2363 开关并网信号的改进工作。

6. 其他相关资料

无。

7. 附件

无。

16   #1 机 UPS 故障导致停机事件

1. 事件经过

2005 年 12 月 12 日 9 时 45 分，电气检修人员检查发现 #1 机 UPS 自动切至旁路运行，联系运行人员检查处理。此前，电气车间工作人员检查发现 UPS 逆变器电源模块故障，因无备件，不能及时更换，通知运行人员 #1 机 UPS 暂由旁路运行。20 时 51 分，#1 机 UPS 失电，造成 #1 发电机组停运。

2. 原因分析

此次故障暴露出公司在生产和技术管理上还存在漏洞，电气车间对此异常缺陷重视不够，设备主人对所管辖的设备底数不清，在设备已经出现异常工况的情况下检查、消除不力。UPS 的运行、检修规程都是空白，主管生产的总工程师、发电部、生产技术部都负有一定的技术管理责任。

3. 处理方法或经过

加强对重要设备的管理，对暂时没有运行操作规程、检修工艺规程的设备认真检查，并进行相关规程编写和技术培训。

4. 考核情况

此次事件构成一类障碍，统计在电气车间。

扣主管生产的总工程师 600 元，生产技术部主任 300 元，生产技术部电气专责工程师 200 元，电气车间主任 600 元，电气车间专责工程师 200 元，发电部主任 500 元，发电部副主任 400 元，发电部电气专责工程师 200 元。

5. 技术措施或方案

UPS 作为热工控制系统的主要电源，在检修、维护、设备管理各方面都应被视为重要设备。

6. 其他相关资料

无。

7. 附件

无。

17 2362 开关 CT 误差试验导致 #4 机组跳闸事件

1. 事件经过

故障前，#4 发电机组带 22 万 kW 负荷稳定运行，220 kV 升压站西鹿线停运，西鹿线 2361、2362 开关停电检修。2006 年 2 月 10 日，电研院电测所人员联系测量 2361、2362 开关 PT、CT 仪表回路误差。9 时 57 分，电气车间仪表班持电气第二种工作票会同电研院电测所人员到 220 kV 升压站进行 2361、2362 开关 PT、CT 仪表回路误差测量。11 时 50 分，#4 机事故喇叭响，"主变差动保护动作"光字牌亮，#4 发电机组与系统解列。停机后，有关人员对 #4 主变进行检查，未发现异常，到 220 kV 升压站发现 2362 开关 A 相 CT 支柱上靠有工具梯，没有工作人员，立即通知电气车间仪表班和电研院电测所人员，12 时 10 分，仪表班班长向安监人员汇报说，经询问，仪表班和电研院电测所人员都没有动 2362 开关 A 相 CT 接线柱；12 时 13 分，电研院电测所等人员到达 220 kV 升压站，亦对安监人员说哪也没动；12 时 14 分，仪表班到达 220 kV 升压站后，安监人员问其是否动过 2362 开关 A 相 CT 保护用接线端子，仪表班人员回答说有用裸铜线将 2362 开关 A 相 CT 保护用接线端子短接。在查清故障原因后，#4 发电机组于 2 月 10 日 13 时 13 分并入电网运行。

2. 原因分析

在 3/2 接线方式下，中间开关停运时，CT 二次回路仍然接入发变组保护，属于运行回路。试验中，仪表班人员在未断开端子排的情况下短接 CT 二次端子，导致差动保护误动。

3. 处理方法或经过

责成生产技术部、电气车间、电气仪表班制定切实有效的纠正措施，避免类似事件的再次发生。

4. 考核情况

依据电业生产事故调查规程，此次事件构成一般设备事故。根据公司安全考核标准规定，此次事故按人为责任事故考核电气车间。停发电气车间 1 个月奖金。

配合该项工作的工作负责人，对这起事故负有主要责任。因其在事故后查找原因时能及时指认他人的错误行为，为机组及时恢复运行，缩短了查找故障的时间，故责令下岗 4 个月。

仪表班班长对该项工作重视不够，安排工作人员不当，对事故负有次要责任，责令下岗 3 个月。

电气车间主任负有管理责任，另加扣奖金 1000 元。

工作票签发人对该项工作的必要性、安全性、工作票上所填安全措施的正确完备性认识不清，对工作负责人及工作班人员是否适当审核把关不严，对该事故负有一定的技术管理责任，另加扣奖金 1000 元。

生产技术部电气工程师对电研院电测所联系的工作中的安全事项重视不够，没有了解电研院电测所人员测试工作的技术措施，就联系电气仪表班和电气车间主任配合此项工作，对该事故负有一定的技术管理责任，扣奖 1000 元。

生产技术部主任负有管理责任，扣奖 300 元。

对其他人员按安全目标奖考核办法进行扣奖。

5. 技术措施或方案

在 3/2 接线方式下，开关检修时，CT 二次回路的处置措施应该在检修规程、文件包、措施票等重要技术文件中体现。进行 CT 的加电试验时，必须在将所有 CT 的所有二次回路断开后，再短接 CT 二次绕组。

6. 其他相关资料

无。

7. 附件

无。

18 #5 机厂用电切换试验过程中故障事件

1. 事件经过

2006 年 7 月 26 日 20 时左右，#5 机进行厂用电切换试验，值班员逐一确认 #5 机 6kV 5A1、5A2、5B1、5B2 段工作进线开关在试验位置合跳正常，将 #5 机 6kV 5A1、5A2、5B1、5B2 段工作进线 755A1、755A2、755B1、755B2 开关推入运位。随后，值班员按操作票的操作顺序准备进行 6kV 5A1 段厂用快切，送上 5A1 段工作进线 755A1 开关操作保险，方式选择"远方"，厂用快切装置选择"自动、同时"切换方式。值班员得到值长命令后，首先在 DCS 画面中，"复位"快切装置，检查确认 6kV 5A1 段快切装置工作正常后，按下 6kV 5A1 段"切换"按钮。此时，6kV5A1 段备用进线 705A1 开关闪了一下"绿光"，6 kV 工作进线 755A1 开关"闪了一下红光"，随后 705A1 开关状态变黄，755A1 开关状态变绿，出现"6kV 5A1 段快切失败""6kV 5A1 段快切装置闭锁"报警信号。此时厂用电值班员报 6 kV 备用进线 705A1 开关间隔冒烟着火。当时 6kV 5A1 段母线电压指示正常，#5 机组运行正常。

2. 原因分析

无。

3. 处理方法或经过

（1）主控值班员收到 705A1 开关冒烟着火的消息后，立即汇报值长并通知机炉值班员准备手动远方拉掉 705A1 开关，但因开关状态变黄，未能拉掉开关。当时值班员判断开关控制回路已烧断线，因无法判断开关着火情况，汇报值长，并通知机炉转移 6kV 5A1、5A2 段上负荷，准备用上一级 2115 开关切除故障开关。接到机炉许可后，值班员手动拉掉 30A 起备变高压侧 2115 开关。此时机炉部分负荷掉闸，电动给水泵、5A 前置泵，及 A、B、C 磨煤机等高压动力失电，电气 5A 锅炉变及其所带的 5A 保安段、5A 锅炉 MCC、5A 汽机段及 5A 汽机 MCC、#31 照明变等重要电源失电，柴油机自启动成功，带负荷稳定。因机组燃料丧失，只有几只油枪亮，手动 MFT 停炉。

（2）值班员立即拉开 5A 锅炉变低压侧 L451 开关，合上母联 L450 开关，将 380V 5A 锅炉 PC 倒至 5B 锅炉变供电，后拉开 5A 锅炉变高压侧 L651 开关。

（3）值班员立即拉开 5A 汽机变低压侧 J451 开关，合上母联 J450 开关，将 380V 5A 汽机 PC 倒至 5B 汽机变供电，后拉开 5A 汽机变高压侧 J651 开关。

（4）将 380V 5A 保安段由柴油机供电失电倒为锅炉低压段供电。

（5）将故障开关拉出间隔后，将 6kV 5A1 段工作进线开关拉出间隔，并推入 705A1 开关间隔，用工作进线开关代替备用进线 705A1 开关，将其推入试位，合、跳良好后，推入运行位置。故障隔离后，手动合 30A 起备变高压侧 2115 开关，合不上。后分析 #6 机厂用电备用进线 706A1、706A2 开关在合闸位置，闭锁 2115 开关无法合闸，将 #6 机厂用电备用进线 706A1、706A2 开关手动拉开后，合 2115 开关正常。

（6）通知相关部门，将失电高低压母线逐步恢复供电。

4. 考核情况

无。

5. 技术措施或方案

（1）值班员对机组停运及起备变高压侧开关停电按现场事故进行处理后，应及时汇报运行值长或省调、网调调度员，使调度员掌握系统的运行方式；用2115开关充电前也应联系运行值长，征得值长同意后再向30A起备变充电。

（2）机、电、炉集控值班员通过这次厂用电切换事故，搞清楚6 kV各段的负荷分配情况，做好充分的事故预想。电气值班员认真学习DCS画面各厂用开关的逻辑闭锁关系，做到心中有数。

（3）30A起备变除带#5机两段外，还带有#6机两段厂用电，本次#5机厂用电快切试验拉开30A起备变后，造成6#机厂用电两段同时失电，#6机组并网后，厂用电事故处理要兼顾两机组的安全。其异常情况下的运行方式还需重点考虑。

6. 其他相关资料

无。

7. 附件

无。

19 #1机失磁保护误动停机事件

1. 事件经过

2006年11月22日10时22分，#1发电机带有功负荷179 MW，无功负荷184 MVar。#1发电机B柜失磁保护动作，#1发电机与系统解列。12时3分，#1发电机组并网。

2. 原因分析

#1发电机组失磁保护电流通道在配置中应选用中性点电流，而实际保护装置的软件在使用电流通道上存在错误，误选为机端电流。在当时的工况下，发电机阻抗刚好进入失磁保护动作边界，导致发电机失磁保护动作。

3. 处理方法或经过

保护装置厂家专业人员用专用调试设备对保护软件进行修改，纠正了电流通道使用上存在的错误，对修改后的程序进行了重新下载和装入，并进行了校核。

4. 考核情况

此次事件构成一类障碍,统计在电气车间。保护装置厂家认可由自身软件配置问题导致我公司停机的事实,安全监察部免除对电气车间扣奖的处罚。

5. 技术措施或方案

保护软件配置不对外开放,软件配置的合理性和正确性依赖保护装置的生产厂家,电厂的技术人员在正常调试工作中无法发现此类软件配置错误。今后要加强技术管理,各级专业技术人员应从此事件中汲取教训,严把质量验收关。

6. 其他相关资料

无。

7. 附件

无。

20 #3 机组 UPS 装置故障造成机组停机事件

1. 事故经过

2008 年 11 月 27 日 6 时 8 分,#3 机组停运,UPS 装置停止工作造成 #3 机 UPS 负荷屏热工总电源失电。由于电气检修人员在赶到现场前,不了解 UPS 装置停机的原因,先由运行人员切换手动旁路开关至大旁路运行,以恢复热工总电源等负荷供电。

2. 原因分析

#3 机组 UPS 装置是由青岛整流器组装生产的丹麦秀康公司产品,型号为 PEW1060,额定容量为 60 kV·A,输出电压为 220 V,生产年份为 1997 年。

#3 机组不停电电源系统的正常运行方式为直流电源供电逆变器运行,同时静态旁路作为备用电源,在遇到直流失电或逆变器故障等情况时自动切换至静态旁路供电;在 UPS 装置检修、维护时,工作人员可以切换手动旁路开关至大旁路运行。以上切换过程均能保证负荷电源的不间断供电。各机组 UPS 装置每周检查一次,在故障前的日常巡视中,工作人员未发现 #3 机组 UPS 装置有异常情况,输出电压保持在 223 V 左右,输出电流在 55 A 左右,直流电压、旁路电压均在正常范围内。

现场检查情况:UPS 装置显示面板显示"stand – by"(准备)状态,直流电源、旁路电源绿灯亮，装置输出、报警红灯亮；检修人员通过面板键盘操作检查发现直流电源电压为 238 V，旁路电源电压 226 V，UPS 装置输出 0 V；检修人员查看装置告警信息确认输出瞬时超限、输出超限、逆变器电压故障、风扇故障。以上情况与装置停机现象相似。为稳妥起见，检修人员拆除装置前封闭板进行内部检查，检查连接电缆、输出电容器组、逆变器控制板、各电源接口板、主控板、各连接部件、熔断保险等，均未发现异常情况。在检查过程中，由于装置内活页门与外门碰触，触动装置启动按钮，检修人员发现装置正常启动，输出电压正常，还能进行正常启动、停机、切换操作。断开直流电源做进一步检查，启动装置后，显示器不时出现"battoperation time>0 min"（电池运行时间大于 0 min）的信息。

生产厂家技术人员对电源系统进行全面检查后，认为装置失电原因有两条：一是 UPS 主控板及程序芯片出现问题；二是旁路电源稳压失调造成旁路电压越限。

3. 处理方法或经过

无。

4. 考核情况

此事件构成一类障碍，统计在电气车间。

5. 技术措施或方案

（1）对主控程序进行调整设置，屏蔽误报警信号。

（2）更换旁路电源调压控制板。

（3）加强对 UPS 电源运行的监控。

（4）加强同生产厂家的技术联系，及时反馈现场问题。

6. 其他相关资料

无。

7. 附件

无。

21　#6 机 6kV 6A2 段脱硫电源 A 故障造成停机事件

1. 事件经过

2009 年 9 月 8 日 6 时 11 分，#6 机组负荷 451 MW。6 时 11 分 2 秒，

6kV 6A2 段脱硫电源 A 跳闸，同时 #6 机组增压风机跳闸。6 时 11 分 54 秒，因炉膛压力高保护动作 MFT，#6 机组停运。工作人员检查 6kV 6A2 段脱硫电源 A 比率差动保护动作，保护动作报告显示：DI_a 为 0.01A，DI_b 为 0.52A，DI_c 为 0，HI_a 为 0.29 A。B 相差流超过启动值，差动保护动作，导致脱硫 6 段失电。

2. 原因分析

（1）#6 机停机原因。工作人员检查设备及系统后，确认造成炉膛压力高保护动作的原因为脱硫增压风机电源丧失，增压风机掉闸。脱硫控制 PLC 发出联锁开启烟气旁路挡板指令。脱硫旁路挡板电源取自脱硫保安段，6 kV 脱硫段失电导致脱硫保安段失电，虽然保安段备用电源自投成功，但是脱硫旁路挡板电源未设计自动重合功能，造成脱硫旁路挡板失电，导致旁路挡板未开启。6 时 11 分 53 秒，炉膛压力高 III 值保护动作。

（2）#6 机脱硫段跳闸原因。脱硫段跳闸后，电气车间人员对 6A2 段脱硫电源 A 间隔至脱硫 6 段一次电缆进行绝缘检查，电缆绝缘良好；对 WDZ-415 保护用 CT 二次回路的绝缘、回路完好性进行检查，没有发现异常。因此，可以排除一次设备故障及二次回路绝缘不好或回路虚接造成差动保护动作的可能性。

此次 #6 机脱硫电源跳闸时，根据对 DCS 进行电流追忆，跳闸前开关电流从 6 时 0 分的 417 A 升至 6 时 11 分的 436 A。通过对脱硫 PLC 进行追忆，电流升高是因为脱硫增压风机负荷升高。增压风机负荷的升高不应引起差动保护跳闸，只能说明差动保护装置此时已经出现采样异常，负荷波动导致差动保护误动（根据厂家提供的信息，该保护装置出现过采样异常导致差动保护误动的情况）。

根据对 DCS 进行电流追忆，跳闸前保护尚未进入制动区。此时只要差流超过起动定值保护即可动作，这增大了穿越性负荷引起保护装置误动的可能性。

由于 WDZ-415 型差动保护装置两侧电缆较长，具有暂态量的穿越性负荷导致两侧 CT 传变特性不一致，会引起差动保护误动。装置采样异常也会导致差动保护误动。此次差动保护误动是因为装置采样异常时负荷波动。

3. 处理方法或经过

无。

4. 考核情况

6 kV 脱硫段失电构成二类障碍，统计在电气车间。

旁路挡板未开启，造成 #6 机组停运，构成一类障碍，旁路挡板电源系统属于原设计问题，统计在厂部。

5. 技术措施或方案

（1）防止 WDZ-415 型馈线差动保护误动的措施。WDZ-415 型馈线差动保护多次发生误动，严重威胁机组的安全运行，先将 #6 机 6 kV 脱硫电源 A、B，三单元 6 kV 脱硫公用电源 A、B 及 6 kV 公用分支 WDZ-415 型保护中比率制动保护退出运行（该措施已经执行）。该保护退出后，还有完善的差动速断、过流、接地保护等保护方式，完全满足全范围故障保护速动的要求。待厂家确认装置误动的确切原因并彻底解决问题后，再投入运行。

（2）防止旁路挡板不开启的措施。脱硫旁路挡板电源开关自身有一套启停装置，其接触器在瞬时失电的过程中跳开，当保安段备用电源自投成功后，又未设计自动重合功能，造成脱硫旁路挡板失电。将配电系统中的接触器启停回路去掉，只保留空气开关。

6. 其他相关资料

无。

7. 附件

无。

22　#2 机给粉电源失电导致停机事件

1. 事件经过

2009 年 9 月 20 日 17 时 5 分，#2 机跳闸。热工人员判断为全炉膛灭火保护 MFT 动作，#2 给粉 MCC 所带的 12 台给粉机全部跳闸。机组负荷由 275 MW 降至 0 MW。跳闸前，#1 给粉 MCC 由 A 电源转带，B 电源备用；#2 给粉 MCC 由 A 电源转带，B 电源备用。

2. 原因分析

通过 DCS 对 #2 机跳闸前后事件进行追忆：

（1）14 时 5 分 20 秒至 17 时 5 分 21 秒，12 台给粉机全部跳闸。

（2）17 时 5 分 22 秒，MFT 动作。

（3）17 时 5 分 25 秒，#1 给粉 MCC 电源 A、#2 给粉 MCC 电源 A 同时跳闸。

根据上述事件追忆，MFT 动作的原因为 #2 给粉 MCC 所带的 12 台给粉机跳闸，#1、#2 给粉 MCC 电源 A 跳闸是 MFT 动作的结果。也就是说，12 台给粉机跳闸在前，#2 给粉 MCC 电源跳闸在后，DCS 显示 MFT 动作前，#2 给粉 MCC 电源 A 的状态确实在合位。这使得 #2 给粉 MCC 所带的 12 台给粉机同时跳闸的原因将无法解释。

通过分析 CSC 系统追忆的 #2 机停机后从 18 时 23 分至 18 时 35 分 #2 给粉 MCC 电源 A、B 的合、跳闸状态后发现疑点：在这个时间段内，电源 A、B 有两次同时合闸的记录，这在 DCS 逻辑里是不成立的。在正常运行时，A 电源跳闸后，B 电源自投；B 电源跳闸后，A 电源自投。其中一个电源运行时，另一个电源是投不上的，在 #2 机停机后的电源切换试验中也证实了这一点。

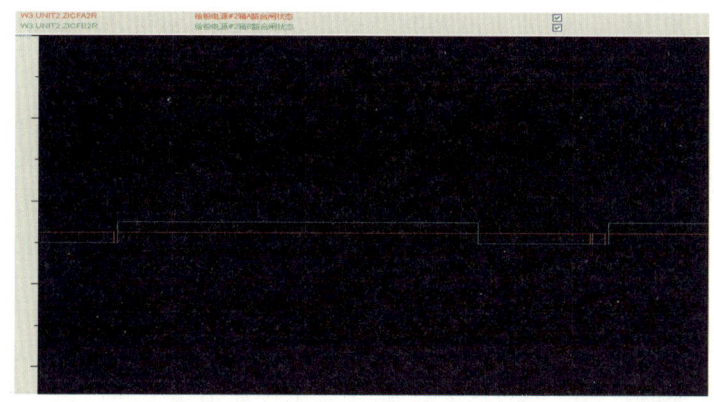

图 2-1　CSC 系统追忆的 #2 给粉 MCC 电源 A、B 的合、跳闸状态

再次通过 DCS 追忆 18 时 23 分至 18 时 35 分 #2 给粉 MCC 电源 A、B 的合、跳闸状态。

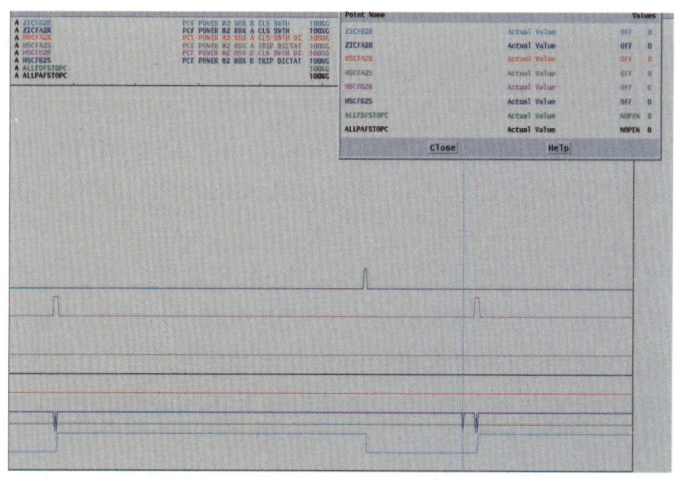

图 2-2　DCS 追忆的 #2 给粉 MCC 电源 A、B 的合、跳闸状态

将上述时间段内电源 A、B 的合、跳闸状态展开到最大后发现了问题所在：

（1）18 时 23 分整，A 电源在合位。

（2）18 时 23 分 35 秒，A 电源合位状态抖动 4 s（状态为 1-0-1-0-1），B 电源联起（有合闸指令）。此时，A 电源的合闸继电器延时打开接点尚未返回，电源恢复后，A 电源合闸。

（3）18 时 28 分 36 秒，运行人员跳开 B 电源（有跳闸指令）。

（4）18 时 30 分 8 秒，A 电源合位状态抖动 2 s（状态由 1-0-1），B 电源未联起（无合闸指令）。

（5）18 时 30 分 20 秒 A 电源合位状态抖动 4 s（状态为 1-0-1-0-1），B 电源联起（有合闸指令）。

可以看出，电源 A、B 同时合闸的原因是电源 A 有短暂失电的过程。由此推断，在 #2 机给粉机跳闸前，#2 给粉 MCC 电源 A 也可能有短暂失电的过程，这个过程小于 1 s，导致给粉机跳闸。由于失电过程短暂，DCS 没有记录，B 电源也没有自投，导致 #2 给粉 MCC 失电，#2 给粉 MCC 所带的 12 台给粉机跳闸，MFT 动作停机。

3. 处理方法或经过

机组停运后，电气车间人员对 #2 给粉电源盘给粉电源开关、各给粉机电源接触器及接线进行了全面检查、紧固。更换了 #1、#2 给粉电源盘内的电源接触器，提高了电源的可靠性。

4. 考核情况

此事件构成一类障碍，统计在电气车间。

5. 技术措施或方案

此次事件暴露出给粉电源 A 的接触器存在短时失电问题，#2 机备用电源的自投与 #1、#3、#4 机不同，由 DCS 实现。由于 DCS 的固有特性，备用电源自投时间比电气联锁慢 2～3 s，起不到备用的作用。针对上述问题制定整改措施如下：

（1）电气车间、发电部要高度重视给粉电源设备，加强对给粉电源设备的巡视、检查和维护，利用停机机会对给粉电源箱进行清扫。要防止给粉层冲水、给粉电源箱内设备积灰等因素导致给粉电源跳闸。

（2）利用 #2 机停机备用机会，将给粉电源备用电源自投由热工联锁改为电气联锁。

6. 其他相关资料

无。

7. 附件

无。

2.3　降负荷事件

23　#1 发电机氢冷器漏氢事件

1. 事件经过

2002 年 8 月 1 日～5 日，#1 发电机氢气泄漏量连续超标。5 日晚，消除 #1 发电机 A 组氢冷器泄漏。

2. 原因分析

检修中对 A 组氢冷器进行检查，发现漏氢的氢冷器冷却水管中间部位有明显开裂。氢冷器的支撑结构设计不合理，上部冷却水管的固定支撑夹件在运行中对内冷水管产生磨损，造成冷却水管磨损部位强度降低，在运行中开裂，氢气大量漏入氢冷器的冷却水中。

3. 处理方法或经过

对发电机本体及氢回路进行检查，未发现大的漏点；对发电机内冷水回路进行检查检测，未发现较大的漏氢迹象；继续检测氢冷器冷却水回路，在泵前池有氢气检出，怀疑氢冷器冷却水管存在漏氢点。5 日，检查发现 A 组氢冷器最上排的中间位置，有 1 根冷却水管漏氢。降低机组负荷，将氢压降至 0.1 MPa，用紫铜楔子将漏氢的冷却水管两端堵死，#1 发电机 A 组氢冷器泄漏消除。

4. 考核情况

由于此次氢气泄漏超标时间较长，扣电气车间奖金 500 元。

5. 技术措施或方案

对结构设计不合理的此型氢冷器进行更换，彻底消除氢冷器冷却水管磨损开裂的隐患。同时，将冷却水管散热片由绕片式改为穿片式结构，提高散热效果。

6. 其他相关资料

无。

7. 附件

无。

24 5B 吸风机差动保护动作跳闸事件

1. 事件经过

2009 年 5 月 28 日 15 时 56 分，5B 吸风机"比率差动保护动作"跳闸，RB 动作，负荷由 570 MW 降至 300 MW，检查发现 5B 吸风机电机中性点侧 B 相 CT 二次端子松动，更换 CT 后，5B 吸风机正常启动。

2. 原因分析

直接原因：CT 二次端子松动，导致差动保护产生较大电流差，到达保护定值后动作跳闸。

间接原因：检修作业中对 CT 二次回路的检查不彻底。

3. 处理方法或经过

更换新端子。

4. 考核情况

此次事件构成二类障碍，统计在电气车间。

5. 技术措施或方案

用于差动保护的 CT 二次回路松动、开路会直接导致保护出口，应将其作为检修的重点项目。

6. 其他相关资料

无。

7. 附件

无。

2.4 主设备损坏事件

25 #3 发电机定子线棒绝缘磨损及铁心过热事件

1.事件经过

2004 年 9 月 28 日，#3 发电机解体大修，在定子端部检查时发现汽端 #10 铁心断齿、#10 线棒汽侧出端口处绝缘磨损（20 mm × 70 mm，深 5 mm）、#30 铁齿松动等缺陷。随后对发电机定子进行了铁损试验，发现汽侧端部 #7、#15、#29、#30、#31 铁齿及励侧 #28、#29 中部 10 段铁心温升、温差脱群。

2.原因分析

2000 年 7 月 22 日，该发电机曾在运行中发出"定子接地"故障信号，解体后发现 #7 槽上层线圈绝缘损坏，端部多处铁心松动断齿。现场处理后经过 4 年运行 #10 铁齿问题暴露，运行中由于定子铁心承受着两倍工作频率的交变磁拉力和由温度变化而引起热应力的作用，叠片间绝缘漆膜将会干缩而产生间隙，同时如果叠片的绝缘漆膜厚度不均，或因工艺质量问题，漆膜附着不牢，加之定子铁心本身的电磁振动，定子铁心叠片上的绝缘漆膜将会逐渐磨损，铁心进一步松动，加剧铁心的振动，这样久而久之地恶性循环下去，振动会越来越严重，特别是该发电机端部的铁心压指较铁心齿部窄得多，这样当压圈压指的紧力越大，紧靠压指两侧的边端铁心叠片则越向外张开，边端铁心也越松弛。同时，为阻止涡流通过，边端铁心的中间位置上开有 2 mm 宽的深槽，使得压指与边端铁心间的接触面仅限于中间很小一部分，压指两侧本来较松动的边端铁心更加松弛，因而振动也将更加厉害，最终导致铁心断部薄弱环节 #10 铁齿硅钢片疲劳松动。松动的铁齿倒向 #10 线棒，振动中将线棒绝缘刮出一道深坑，造成线棒绝缘损伤。

3.处理方法或经过

（1）更换绝缘损坏的 #10 线棒。

（2）在 #9、#15 铁心端部断齿后，为其镶嵌环氧玻璃布板做成的假齿。

（3）对其余铁心松动处进行铁心插片固化处理。

（4）发电机定子端部倍频振动试验。

4. 考核情况

无。

5. 技术措施或方案

处理过程中发现，#9 槽上层线棒流量小，将其与 #10 线棒一并更换，更换前试验合格。#15 铁心端部经反复处理效果不明显，只好将其端部铁齿铲掉，安装假齿。最后做铁损试验，试验参数及结果如下：

试验电压为 6270 V；电流为 204.8 A；功耗为 282 kW；磁通密度为 1.342T。

表2-3　各齿部温度情况

汽侧											
齿号	0′	10′	20′	30′	45′	齿号	0′	10′	20′	30′	45′
1	22	22	23		27	28	22	23	24		26
2	22	22	23		26	29	22	30	35	38	38
3	22	22	24		27	30	22	54	61	64	65
4	22	22	25		28	31	22	41	44	48	50
5	22	22	25		28	32	22	29	29	33	34
6	22	27	28	30	33	33	22	23	24		26
7	22	36	41	46	47	34	22	23	24		26
8	22	22	24		28	35	22	22	24		26
9	22	24	27	29	31	36	22	23	24		26
10	22	29	32	35	38	37	22	25	35	37	37
11	22	27	33	36	38	38	22	33	32	33	35
12	22	24	30	31	32	39	22	25	24		26
13	22	22	24		27	40	22	24	24		26

汽侧										
齿号	0′	10′	20′	30′	45′	齿号	0′	10′	20′	30′	45′
14	22	23	27		31	41	22	23	24		26
15	22	26	30	31	36	42	22	23	24		26
16	22	32	36	36	38	43	22	23	24		26
17	22	22	25		27	44	22	23	23		26
18	22	23	24		26	45	22	25	25		28
19	22	24	25		27	46	22	35	37	38	41
20	22	24	25		26	47	22	31	33	34	28
21	22	24	25		26	48	22	23	24		26
22	22	27	29	30	30	49	22	23	23		26
23	22	24	26		28	50	22	24	26		27
24	22	30	33		38	51	22	27	31	31	33
25	22	25	25		27	52	22	27	31	31	33
26	22	24	25		27	53	22	23	24		26
27	22	23	24		26	54	22	24	24		26

从温升情况看，最高齿温为 65℃，最低齿温为 26℃，与初始齿温 23℃相比，最大温升为 42℃，最大齿温差为 39℃，与 1.4T 的磁通密度试验下，45 min 内铁心最大温升不大于 25℃ 和最大齿温差不大于 15℃ 的标准相比，温升明显超标的有 2 点，齿温差超标的有 4 点。但由于条件所限，经哈尔滨电机厂认可，待下次大修再行处理。

6. 其他相关资料

无。

7. 附件

无。

2.5 主要辅助设备损坏事件

26　3A 排粉机电机烧毁事件

1. 事件经过

2001 年 6 月 22 日 13 时，3A 排粉机电机（编号为 97127-3）在启动瞬间突然掉闸，一次保险 AB 相熔断，停电后摇测电机绝缘为 0。

2. 原因分析

故障电机型号为 YKK450-630，电压为 6 kV，功率为 630 kW，转速为 1450 r/min，由上海电机厂生产。解体后发现，转子的负荷端有一块铁心压铁断裂甩出，整个定子线圈一周的绝缘全部磨坏，其中两个线棒的绝缘磨坏而短路，造成周围几个线棒的绝缘烧损更加严重。同时，甩出的压铁因被短路弧光烧熔而被夹在两个线棒中间，又将负荷端的转子铜条端部的一周磨损出较重的毛刺。

造成转子铁心压铁断裂的主要原因是生产厂家制造时的材质存在隐患，加上装配工艺不良，以及运行中产生的电动力的长期作用，特别是启动过程中较大的电动力的作用，最终造成压铁断裂而甩出。

3. 处理方法或情况

更换备用电机，故障电机重新绕制线圈，转子端部压铁修复焊接。

4. 考核情况

无。

5. 技术措施或方案

在机组检修中，仔细检查每一台同类电机的转子，发现异常，立即处理。

6. 其他相关资料

无。

7. 附件

无。

27 #2 机组 2B 送风机停运事件

1. 事件经过

2001 年 12 月 30 日 15 时 47 分，一单元锅炉运行人员在巡视检查中发现 #2 机组 2B 送风机稀油站失电，按下就地事故按钮，2B 送风机停运，2B 引风机、2B 排粉机、2D 排粉机及磨煤机同时跳闸。

检查发现 2B 送风机稀油站 #2 油泵电机直阻不合格，2B 送风机稀油站保安段总电源保险两相熔断。2B 送、引风机，2B、2D 排粉机及磨煤机电联锁回路检查未见异常。

2B 送风机稀油站 #2 油泵电机更换处理，电源回路绝缘检查正常后，更换的保安段电源保险送电正常。18 时 43 分，开启 #1 油泵电机，2B 送、引风机，2B、2D 排粉机及磨煤机顺序投入运行。机组带中调要求负荷运行。

2. 原因分析

（1）2B 送风机稀油站失电原因为油站油泵电机的热偶均在短接位置，油泵电机故障时无法跳开，又因就地油站电源开关的动作特性与保安段总电源保险的特性不匹配，保险越级熔断，稀油站全部失电。

（2）稀油站全部失电后，低油压未联跳 2B 送风机电机，原因为电机控制回路中，热工低油压联锁跳闸接点是由就地压力接点启动就地控制箱中的中间转换继电器后提供的中间转换继电器接点，中间转换继电器所用的电源为就地控制箱电源，当就地控制箱全部失电后，中间转换继电器无法转换，不能联跳 2B 送风机电机。设计存在不合理，可靠性差。此次运行人员发现及时，措施得当，否则将造成送风机轴瓦损坏的严重后果。

（3）按下就地事故按钮，2B 送风机停运，2B 引风机，2B、2D 排粉机及磨煤机同时跳闸，电气联锁回路检查未见异常。在 23 时 20 分，低负荷时模拟当时情况，就地捅事故按钮，2B 送风机停运，2B 引风机，2B、2D 排粉机及磨煤机均未跳闸，运行正常。分析认为电气联锁回路是正确的，电气联锁造成跳闸的可能性可以排除。当时 2B 引风机，2B、2D 排粉机及磨煤机同时跳闸的原因可能是 2B 送风机稀油站故障造成 380 V 系统电压低，设备就地油泵运行异常，热工联锁，因 #2 机组 DAS 系统不完善，所有信号无法记录、追忆，因此具体原因无法确定。

3. 处理方法或经过

调校准确并恢复就地油站油泵电机的热偶，重新核算就地油站电源开关的动作特性与保安段总电源保险的熔断特性，确保上下级的配合，避免越级跳闸。

4. 考核情况

无。

5. 技术措施或方案

（1）简化就地油站低油压联锁跳闸回路，就地压力接点直接接入主电机联锁跳闸回路中，保证联锁的可靠性。

（2）2B 引风机，2B、2D 排粉机及磨煤机同时跳闸的原因应进一步分析查找。

6. 其他相关资料

无。

7. 附件

无。

28　1B 一次风机电机冷却器崩飞事件

1. 事件经过

2002 年 2 月 1 日 6 时 40 分，运行值班人员忽然听到炉侧一声巨响，立即赶到风机现场查看，看到 1B 一次风机电机的冷却器斜躺在风机联轴器侧，一端架在风机轴承箱上，另一端斜靠在风机外壳上，一次风机电机仍在运行，于是运行值班人员立即按动就地事故按钮，将电机停运。

经现场勘察，电机的左、右两侧底部加热器的挡板都分别飞到电机两侧很远的地方，炉房侧的一块挡风板飞出十几米远，将炉房的窗户玻璃打碎多块，越过窗户飞到了炉房内的碎渣机附近。对侧另一块挡板也飞到了几米远的地面上。位于电机正上方的电动葫芦的行车电机也掉在了地面上，而且在电动葫芦的横梁上也有冷却器碰撞的痕迹。电动机顶部的防雨棚也严重变形。

吊下电机冷却器后，发现电机前轴承顶部的钢板已经变形鼓起。

电机解体后，发现电机负荷侧轴承珠架已散落损坏，而且轴承及其挡油圈将轴径磨出几道很深的沟槽，定子槽楔脱落 12 根，但电机内部却只有很少的槽楔遗留物，经电气试验检测，电机的绝缘、耐压试验和定子线圈的直流电阻均合格。

2. 原因分析

从上述现象来看，电机冷却器（重约 1 t）在运行中突然飞出，肯定是受到了可燃性物质爆炸后的强大爆破力的作用。根据电机的结构和使用的材料分析，产生可燃性物质只有两种可能：一是润滑油脂高温分解后所产生的可燃性气体，二是环氧树脂槽楔掉下后被电机转子研磨所产生的可燃性粉尘。当这些气体或粉尘达到一定浓度时，一旦遇到火花就会立刻爆炸。

该台电机由四川东方电机厂于 1992 年生产，主要技术参数如下：

型号为 YKK450-4；功率为 500 kW；额定电压为 6 kV。

电机采用空气冷却器进行冷却，冷风由电机前轴承端的一个风扇吹入冷却器的冷却管内，从另一端排出。电机内部的冷却风独立循环，与空气冷却器的风路是完全隔开的，电机后轴承端的一个同轴风扇将电机的热风从定转子缝隙间抽出，而后将热风吹入电机上部安装的冷却器换热管间，将冷却后的低温空气再从电机前端吹到电机内部，再将热风经过电机风扇送到冷却器进行冷却，经过这样不断的循环，将电机定子线圈的温度维持在一定的范围内。制造厂家为了保证电机内部的密封效果，从而确保内部更加洁净，将冷却器的风路与电机内部的冷却风路完全隔离，此种冷却结构方式使得电机的密封性能非常好。

该型号电机的前后轴承各安装一套 NU6328 圆珠轴承，由于一次风机为单悬臂离心式风机，其两套轴承都在电机一侧，风路为轴向进径向出，因此风机运行中产生的振动都会对电机的负荷侧轴承造成较大的作用力，特别是在风机启动时，风叶所产生的轴向力对轴承的冲击力就更大，加之电机该侧只有一套定位的圆珠轴承而没有推力轴承，因此它对轴向作用力的承受能力显得薄弱得多，同时从电机内部的循环冷却风路来看，内部的热风全部吹在了负荷侧轴承上，因而该轴承长期运行在一个恶劣的环境之中，导致轴承易损坏。

（1）润滑油脂高温分解后所产生的可燃性气体爆燃的可能性。根据以上分析可以看出，由于负荷侧轴承长期运行在电机内部的高温区域内，轴承的润滑油脂（二硫化钼）因过热变稀而流出，在较高温度的作用下油脂很容易蒸发成油蒸汽，特别是当轴承珠架由于长期磨损而松动，很容易造成轴承过热，此时润滑油脂在高温（可达 200 ～ 300℃）的作用下很快就会分解成可燃性气体，但由于电机密封得特别严密，这些气体又不能溢出，时间越长，可燃性气体就积存得越多，待达到一定浓度时，一旦遇到明火，积存的可燃性气体就会立刻爆燃。而这一次火花产生的原因是负荷侧轴承的内小端盖上有一个防止轴向渗油的圆密封毡垫，由于轴承珠架松脱后，电机仍然高速旋转，轴承温度越来越高，轴承外挡圈温度也迅速增高，最后造成轴承和挡圈的转动，从而将轴径研磨出一道道很深的沟槽，同时研磨产生的高温将该毡垫引燃，导致积存的可燃性气体被引燃，在强大的爆燃作用下，冷却器被炸飞 4 m 多高，撞在了正上方电动葫芦的大梁上，电动葫芦行车电机的固定法兰盘振断后掉在了地面上，冷却器则躺落在了风机轴承箱和风机外壳上。同时爆燃作用将电机底部两侧加热器的挡板推出十几米远，窗户玻璃被撞碎多块。

（2）可燃性粉尘爆燃的可能性。从电机损坏的情况看，电机定子槽楔在运行中脱落 12 根，这些槽楔已被高速运转的转子研磨成很细小的粉末。定子槽楔由环氧树脂层压板制作而成，是易燃品，当它变成粉末状并且在一个密闭的空间内达到一定的浓度后，一旦遇到火花，则会立即爆燃，其爆炸的威力同样会将空冷器崩飞。

综上所述，冷却器崩飞的原因主要是以上分析的两种可能性之一，或是两种情况同时发生，但轴承损坏后的高温形成的火花是这次爆燃不可缺少的条件，因此轴承损坏是这次事故的导火索。

3. 处理方法或经过

更换备用电机，风机恢复运行。

4. 考核情况

此次故障构成二类障碍，统计在电气车间。

5. 技术措施或方案

（1）将后轴承改为双套轴承，即加装一套推力轴承，以增强其承受轴向冲击的能力。

（2）在电机与风机连接对轮时，应认真仔细，确保两机的中心在优良范围内，将电机的振动尽量降低到最低范围内，以最大限度地降低对轴承的影响，从而减少电机轴承的损坏。

（3）加强对电机轴承的巡视检查，从轴承的运行温度和声音等方面及早发现问题，一旦发现异常，果断停机，立即处理，将设备隐患消灭在萌芽状态，防止事故扩大。

（4）为了防止电机内部产生火花，要提高电机的检修质量，防止在运行中掉下槽楔；同时确保电机绝缘良好，防止定子绝缘磨损发生短路打火；同时将负荷侧轴承的内小端盖上的密封毡垫去掉，以防止轴承故障时过高温度将其引燃，从而杜绝爆燃事故的发生。

（5）为了预防类似事故的发生，建议将电机一侧备用出线管上的密封铁板更换为 2 mm 的石棉板，从而达到泄压防爆的目的。

6. 其他相关资料

无。

7. 附件

无。

29 4B 排粉机电机空气冷却器崩飞事件

1. 事件经过

2002 年 7 月 9 日，运行值班人员听到炉侧一声巨响，查看运行表计，一切指示正常，立即赶到风机现场查看，看到 4B 排粉机电机的空气冷却器斜躺在风机右前侧约 5 m 处的地面上，4B 排粉机电机仍在正常运行，于是运行值班人员立即按动就地事故按钮，电机才停止运行。

经现场勘察，电机的左、右两侧底部地脚螺栓的盖板都分别飞到电机两侧很远处，空气冷却器顶部的铁板也已开裂，严重变形损坏。

电机解体后，电机轴承并未损坏，但电机负荷端的定子槽楔却几乎全部掉出，只有电机非负荷侧还剩下一段定子槽楔，负荷端无槽楔处的定子铁心已被磁性槽楔整圈磨损，对应转子的部分同样也被磁性槽楔磨损而过热变色。对电机进行全面电气试验，其绝缘、耐压试验和定子线圈的直流电阻均合格。

2. 原因分析

电动机冷却器（大约 0.7 t）在运行中突然飞出，应是突然受到一个强大的外力，根据上述现象分析，可能是可燃物爆燃后所产生的强大爆破力。根据电机的结构和使用材料分析，可能是加工磁性槽楔的环氧树脂层压板在运行中掉下，被电机转子研磨后产生可燃性粉尘，当这些粉尘达到一定浓度和温度时，一旦遇到火花就会立刻爆燃。

该台电机是由上海电机厂于 1996 年生产的产品，主要技术参数如下：

型号为 YKK450-4，功率为 630 kW，电压为 6 kV，防护等级为 IP44。

在设计该型电机时为了达到节约能源、降低能耗的目的，定子槽楔采用了磁性槽楔，其节能效果是比较明显的。磁性槽楔是由磁粉、细钢丝，环氧树脂层压板以及一定比例的环氧胶，按电机定子槽的形状一次模压成型的，安装时再用环氧胶粘在定子铁心的燕尾槽内，它的抗振能力较差。将其楔入槽楔，的用力既不能太大，又不能太小。如果槽楔与定子铁心燕尾槽口配合太紧，需用力敲击才能将槽楔打进槽口内，磁性槽楔因强烈敲击而受损，在运行中容易发生碎裂而脱落；如果槽楔与定子铁心燕尾槽口配合太松，槽楔在槽内与铁心的粘接就不太牢固，在运行中就容易松脱而掉下。

由于该型电机的设计，电机运行中定子线圈的温度一直很高，虽然运行电流（60 A）并没有达到额定电流（73 A），但其最高温度可达到130℃。分析其原因主要是厂家为了降低电动机运行中的噪声，没有为定转子铁心设计通风道，只依靠电机定子和转子缝隙间的冷却风来冷却，这样虽然降低了运行中的噪声，但却牺牲了电机的冷却效果，同时电机空气冷却器的容量有点小，致使冷却风量较小，因此造成了电机的温度过高。也正是电机的运行温度太高，超过了粘和定子槽楔的环氧胶的耐热温度，最终造成磁性槽楔的大量脱落，这些槽楔被高速运转的电机转子研磨成很细小的粉末，这些易燃粉末在一个密闭的空间内达到一定浓度和温度后，一旦遇到槽楔中的细钢丝被磨出的火花，就会立刻爆炸，将电机的空气冷却器崩飞。

3. 处理方法或经过

更换备用电动机，于10日8时55分恢复正常运行。

4. 考核情况

此次故障构成二类障碍，统计在电气车间。

5. 技术措施或方案

（1）为了防止类似事故的发生，必须提高电机的检修质量，防止在运行中磁性槽楔掉下，一旦发现槽楔有松动现象，应立即更换，以确保电机的运行安全。

（2）鉴于该型电机的结构等原因，线圈温度太高，容易造成电机定子磁性槽楔脱落，应增大气冷却器的容量，降低电机定子线圈的运行温度。

（3）为了预防类似事故的发生，在电机磁性槽楔未更换为绝缘槽楔之前，暂将电机负荷端两侧的地脚螺栓盖板拆掉，以达到电机内部爆燃时迅速泄压的目的。

6. 其他相关资料

无。

7. 附件

无。

30　5013 开关运行中跳闸事件

1. 故障时间

2006 年 11 月 10 日 0 时 26 分 46 秒，5013 开关在运行中跳闸，网控 NCS 显示 5013 非全相保护动作。

2. 原因分析

5013 断路器保护 RCS-921A 启动，打印报告显示，启动时 B 相跳闸位置变位，启动后变位报告为 C 相跳闸位置、A 相跳闸位置，合闸压力低。故障录波器录波显示同样为 B 相跳闸位置，变位 1.5 ms 后，C 相跳闸位置变位，再 0.5 ms 后，A 相跳闸位置变位，无任何保护出口信号。通过三相跳闸位置变位时间分析这不是非全相保护正确动作，因为非全相保护启动后 2.5 秒后出口，录波报告上显示 B 相跳闸后仅 2 ms，三相全部跳闸。

3. 处理方法或经过

绝缘检查发现 SJ（非全相延时继电器）出口接点绝缘为 0 MΩ（1000V 摇表试验），属于不合格，模拟 SJ 出口跳开 5013 开关三相，RCS-921A 故障报告和故障录波器录波报告同故障时的故障报告和录波报告一致，确定 SJ 时间继电器出口接点绝缘不合格是造成 5013 开关三相跳闸的原因。

4. 考核情况

无。

5. 技术措施或方案

更换 SJ 时间继电器的另一对备用延时接点，绝缘检查为 14 MΩ（合格）。

6. 其他相关资料

无。

7. 附件

无。

31　#21 照明变带地线合开关事件

1. 事件经过

2007 年 8 月 2 日 11 时 6 分，检修预试工作结束。运行四值电气主值班员、副值班员二人执行"#21照明变由检修转运行"操作任务。该项操作任务由主值班员担任监护人，副值班员担任操作人。在填写完操作票后于14时11分开始操作，在操作进行到第11项，即合上#21照明变高压侧开关时，照明Ⅲ段失电，检查发现#21照明变低压侧所封#7地线三相短路接地线烧毁。

2. 原因分析

（1）直接原因：操作人、监护人主观认为#21照明变低压侧短路地线在预试时已经拆除，即没有执行拆除该组地线的操作项，又没有对回路进行检查。实际上，#21照明变低压侧仍封有#7短路接地线。在合#21照明变高压侧开关时，低压侧接地短路。

（2）根本原因：执行安全规程不认真。操作、监护人没有认真按规程规定和所填操作票内容对设备进行核对，不按操作票填写的顺序逐项操作、划项，对操作回路送电前没有认真检查，致使应拆除的地线没有拆除，造成合闸后三相接地短路故障。

3. 处理方法或经过

无。

4. 考核情况

按照中国华北电力集团公司《电业生产二类障碍标准》2.2款规定，这起误操作事件构成甲类二类障碍，统计在发电部。具体处罚如下：

（1）发电部主任、党支部书记负领导责任，各扣奖金1000元。

（2）发电部副主任某某某负有直接管理责任，扣奖1500元，发电部副主任某某某负管理责任扣奖1000元，总值长负有管理责任，扣奖1000元。

（3）发电部电气专责工程师负有培训管理不力责任，扣奖1500元。

（4）发电部安全员负有安全监督和管理不力责任，扣奖1000元。

（5）当值值长扣奖金1500元。

（6）当值单元长扣奖金2000元。

（7）故障主要责任者主值班员、副值班员各下岗学习6个月，其下岗日期从2007年8月2日起至2008年2月2日止。考核合格后重新竞争上岗。

5. 技术措施或方案

（1）在布置工作时，值长、单元长在工作前应提出具体的安全注意事项。

（2）认真吸取教训，强化对员工爱岗敬业和工作责任心的教育，严肃认真地执行规程和制度，杜绝人为责任事故的发生。

6. 其他相关资料

无。

7. 附件

无。

32　西平 I 线 2312 开关三相跳闸事件

1. 事件经过

2007 年 10 月 12 日 20 时 45 分，220 kV 西平 I 线发生 A 相接地故障，CSL-101A、LFP-931 高压线路保护及 2322、2323 开关 LFP-921B 断路器保护正确动作，2322、2323 开关跳开 A 相后重合成功，线路恢复正常运行。故障时 2312 开关三相跳闸。

2. 原因分析

2312 开关断路器保护 24 V 电源经长电缆取发变组保护启动失灵接点，一次系统故障时，故障电流在 2312 开关断路器保护开入量回路产生干扰，使三跳启动失灵开入量动作，同时 2312 开关电流达到失灵过流高定值，导致三相联跳 2312 开关跳闸。

3. 处理方法或经过

查明 2312 开关跳闸的原因后汇报调度，恢复 2312 开关运行。

4. 考核情况

此次事件暴露出电气车间反措落实不力，对经长电缆跳闸回路加装大功率继电器的工作，进行不彻底；车间及班组人员对设备、回路是否满足反措要求在认识方面还存在差距。此事件突出反映了电气车间在专业技术管理上的工作不深入不细致，对涉网设备的安全运行重视不够，执行反事故技术措施不彻底，对以前发生的类似事件没有足够重视，对生产技术部提出的整改措施落实不到位。为加强对涉网设备的安全管理，提高相关管理人员的安全意识和工作责任心，对相关人员和继电保护班处理如下：

（1）扣电气车间主任 1000 元。

（2）扣电气车间二次专责工程师 500 元。

（3）扣电气车间继电保护班班长 500 元。

（4）扣电气车间继电保护班副班长 400 元。

（5）扣电气车间继电保护班班组技术员 400 元。

（6）扣生产技术部主任工程师 500 元。

（7）扣电气车间继电保护班 2000 元。

（8）对前期继电保护异常动作做出的处罚按规定不再返还。

5. 技术措施或方案

（1）认真检查所有保护回路是否存在 24 V 电源经长电缆开入回路问题，发现问题立即采取抗干扰措施。

（2）拆除 2332 开关发变组保护启动失灵回路。

6. 其他相关资料

无。

7. 附件

无。

33　大修后的 5A 凝泵电机上轴承过热事件

1. 事件经过

2007 年 12 月 19 日，试运期间，大修后的 5A 凝泵电机上轴承过热，上轴承达到 80℃。

2. 原因分析

检查发现外委修理的上端盖的加工尺寸未能保证间隙配合要求（间隙 −18 至 3.9 μm），实际加工尺寸为 320 减去 0.09 mm。

3. 处理方法或经过

按照配合间隙要求重新加工上端盖，修后内径为 320+0.02 mm。

4. 考核情况

在月度绩效考核中考核电气车间。

5. 技术措施或方案

（1）认真学习检修工艺规程，请有经验的老师傅讲课，请转动机械的师傅授课，切实提高检修水平。

（2）各级技术人员对外委修理加工工作严格把关。

6.其他相关资料

无。

7.附件

无。

34 2112-1刀闸A相合不到位事件

1.事件经过

2008年11月28日17时50分，#10启备变由检修转运行操作，运行人员在合入2112-1刀闸时发现A相合不到位，立即拉开2112-1刀闸，此时B、C相断开正常，而A相传动瓷瓶中部断裂导致此相未能拉开，运行人员立即终止操作。

2.原因分析

2112-1刀闸及其瓷瓶属于1993年生产的产品，按照220 kV刀闸检修工艺规程规定，220 kV刀闸的大修周期为10～15年，已经达到大修年限。刀闸瓷瓶自运行以来未做过探伤试验，瓷瓶采用的是高硅瓷材质，抗弯强度低，质量存在缺陷，是此次事件的主要原因。

3.处理方法或经过

2008年11月28日22时53分，运行人员向调度申请将220kV I 母线由运行转检修，进行2112-1刀闸检查；29日2时40分，由于备品瓷瓶需要运到电研院进行耐压试验，220kV I 母线临时转运行。29日13时6分，220kV I 母线转检修，进行2112-1刀闸瓷瓶更换工作。19时49分，2112-1刀闸瓷瓶更换结束，恢复母线运行。

4.考核情况

此次事件构成二类障碍，统计在电气车间。

5.技术措施或方案

运行人员在倒闸操作前，应检查隔离开关瓷瓶的外观，发现异常立即停止操作。

要对停电检修的隔离开关进行瓷瓶外观检查，查看其有无裂纹，采取现场探伤的方法进行预防。检修人员不得攀爬瓷瓶和用直梯靠在导电杆上。

按照220 kV刀闸检修工艺规程规定进行刀闸大修，利用检修机会将原高硅瓷更换为高铝瓷的刀闸瓷瓶，提高瓷瓶的抗弯强度，消除瓷瓶原有的质量缺陷。

6. 其他相关资料

无。

7. 附件

无。

2.6 其他事件

35 6 kV 公用段母线短路故障事件

1. 事件经过

2002 年 10 月 21 日 20 时 20 分,一单元 6 kV 公用段 650 开关间隔故障,造成 6 kV 公用段母线短路故障,检查发现 6 kV 公用段部分电缆穿缆孔封堵材料因采暖系统漏汽而受潮脱落,650 开关间隔有凝水,相邻间隔内有死老鼠。

2. 原因分析

此次故障主要是由采暖系统漏汽引发,发电部、电气车间对设备巡视检查不认真,未及时发现故障隐患。母线室进鼠事件中,发电部违反进入高压母线室的规定,修配车间在母线室放热处理设备后,未将母线室门插板及时恢复。

3. 处理方法或经过

对配电柜间隔内凝水及异物进行清理,电缆穿缆孔洞进行严密封堵,绝缘试验合格,设备恢复运行。

4. 考核情况

此次故障主要是由采暖系统漏汽引发,对汽机车间提出批评并扣奖 100元。发电部、电气车间对设备巡视检查不认真,未及时发现故障隐患,各扣奖 250 元。母线室进鼠事件中,发电部违反进入高压母线室的规定,扣奖 500元,修配车间在母线室放热处理设备后,未将母线室门插板及时恢复,扣奖500 元。此外,凡发现母线室有小动物,按事故未遂进行考核;在电气车间管辖的母线室中发现小动物,如果发现电缆孔洞封堵不严,按事故未遂考核电气车间,否则考核发电部。

5. 技术措施或方案

按照要求在配电室门口设置防小动物进入的挡板，对所有配电柜电缆孔洞进行严密封堵，加强对设备的巡视检查，并及时发现故障隐患，加强对配电室出入以及借用钥匙的管理。

6. 其他相关资料

无。

7. 附件

无。

36 #1 高压厂变轻瓦斯动作后处理时间偏长事件

1. 事件经过

11 月 4 日 0 时 7 分，#1 机"高厂变轻瓦斯"光字牌报警，电气主值班员周某某立即就地检查 #1 高压厂变，未发现异常现象，随后通知电检变电班、继电保护班到场检查。0 时 20 分，值长同意将 #1 高压厂变重瓦斯保护改投信号，并督促电气车间值班员师某某采集气样进行分析，1 时 10 分，通知师某某对 #1 高压厂变采气分析。1 时 30 分左右，电气值班员打电话询问 #1 高压厂变采样工作是否需办理工作票，运行人员回答如果有工作票签发人就办票，如果现在没有就按照规定执行。

2 时左右，变电值班员陈某某来主控办理"在 #1 高厂变底部采油样"二种工作票。运行人员问他为什么不办理采气体工作票。陈某某说变电班不负责采气体工作，并交代油样分析大概 4 小时出结果。运行人员通知师某某，按电气运行规程规定，变压器轻瓦斯动作后，必须采集气样进行分析。随后，2 时 25 分，运行人员办理了此二种工作票的开工手续，并向值长汇报。在此期间和以后时间内，运行人员严密监视 #1 高压厂变的运行情况。每隔 30 min 进行就地检查，并分别于 4 时 30 分、5 时 20 分左右多次催促电气车间值班员抓紧时间对 #1 高压厂变瓦斯气体进行采样分析。6 时 15 分，运行人员打电话询问 #1 高压厂变采油样分析结果，师某某告知油样分析正常，运行人员问师某某为什么到现在还不采气体，师某某说采气人员及工具有困难。

2. 原因分析

（1）将 #1 高压厂变重瓦斯保护改投信号后，虽然，运行人员通知了电气值班员到场取气，但由于种种原因直到早上值班员也没有将气样取出，故保护未及时投入。

（2）运行人员对《电气运行规程》3.4.2中b）条的理解存在一定问题，认为重瓦斯保护在取气前应该退出，在判断故障性质后，也就是等结果化验完毕后，才将重瓦斯投掉闸，这种理解是错误的。

3.处理方法或经过

（1）从值长到单元长及电气值班员对运行规程的学习和理解都存在问题。《电气运行规程》的规定不十分严谨，容易使运行人员产生错误判断，应立即修改完善。

（2）对重大缺陷，应及时汇报上级领导并督促检修尽快进行判断和处理。

4.考核情况

无。

5.技术措施或方案

（1）对《电气运行规程》3.4.2中b）条的内容做相应修改。

（2）认真学习和领会规程的原意，树立保护主设备的意识。

（3）对设备缺陷要及时督促，做好事故预想。

6.其他相关资料

无。

7.附件

无。

37　网控楼低压380 V配电室#8柜开关短路故障事件

1.事件经过

2005年12月15日，380 V网控低压I母线和网控保安段检修，工作票手续办理全部结束后。于11时40分开始操作。拆除地线，检查确认回路清洁，所有负荷刀闸在断位，测母线绝缘合格，开始向母线充电。11时55分，操作结束。母线带电运行几分钟后，确定母线无问题，开始设备送电。12时10分，进行氢站专用盘电源送电，检查确认其保险三相完好，无熔断，合刀闸时发生短路。

2.原因分析

（1）氢站专用盘电源保险有一相没有送到位（此次送电没有进行保险操

作，该保险不到位原因不详）。

（2）氢站专用盘电源开关间隔内五防闭锁杆上没有绝缘护套。

（3）送电前对开关间隔内的保险及闭锁杆的状态检查不到位。

综上所述，在网控值班员进行氢站专用盘电源送电操作任务时，五防闭锁杆在向下移动的过程中，碰到没有送到位的电源保险，造成单相对地短路，弧光造成三相短路。

3. 处理方法或经过

无。

4. 考核情况

此次事件构成人为二类障碍，统计在发电部。

5. 技术措施或方案

（1）无论是备用开关还是检修后开关，在送电前都应检查确认开关、刀闸回路完好，没有异常，保险接触良好、到位，开关触头在分闸位置。

（2）检查确认开关柜内闭锁装置完好，有可靠的绝缘护套。

（3）在操作开关、刀闸时，如果操作机构不灵活，或机构卡涩，应立即停止操作，通知检修人员进行处理。

（4）运行人员吸取教训，认真检查在操作过程中还存在哪些问题，采取"三不放过"的原则，认真分析、整改。

（5）正在使用的部分同类型抽屉开关的五防闭锁杆上也没有绝缘护套，电气检修人员应利用检修机会予以完善。

（6）全厂低压开关五防闭锁的管理应对低压开关五防闭锁有一个明确的规定，针对这次问题，对全厂的低压开关进行检查整改，统一和完善全厂的低压开关五防闭锁装置。

（7）加强对开关动力保险的运行管理，认真吸取教训。

6. 其他相关资料

无。

7. 附件

无。

38　三单元 6 kV 公用段停电事件

1. 事故经过

2006 年 7 月 27 日 15 时左右，在为 6kV 5B2 段停电做准备时，工作人员联系河北电力建设第二工程公司（以下简称"电建二公司"）值长检查确认 3B 公用段 G632 开关的位置，试位还是运位，准备下一步倒电源时用到 G632 开关。电建二公司电气值班员一直没有回音。16 时左右 6kV 3A 公用段工作进线开关 G631 开关掉闸，公用段失电。失电后，工作人员立即联系河北电力建设第一工程公司电气调试人员去现场进行检查保护，并停电测量回路绝缘，同时派电气运行值班员询问 3B 公用段有无工作，电建二公司值班员说测得 3B 开关回路绝缘为零，并且测绝缘前曾合过地刀。

2. 原因分析

电建二公司值班员没有询问运行方式，在不清楚 6kV 3B 段 G632 开关下口有电的情况下，没有进行验电就合回路接地刀闸，造成 3A 公用段 G631 开关速断保护动作失电。

3. 处理方法或经过

无。

4. 考核情况

无。

5. 技术措施或方案

（1）这次事件提醒运行人员在以后的操作中，严格按照《电业安全工作规程》进行操作，不能凭印象操作，也不能将表计结果等作为设备不带电的标志。

（2）严格履行操作票制度，严禁无票进行操作。

（3）运行人员严格遵守交接班制度，交代清楚系统运行方式，特别是公用系统。

（4）特别要树立保人身、保主设备、保电网的意识，严防误操作事件发生。

（5）一切工作听从现场值长的统一指挥。

6. 其他相关资料

无。

7. 附件

无。

39　使用未验收的电动葫芦不安全事件

1. 事件经过

2007 年 11 月，根据现场工作需要，电气车间配合起重设备厂家在 #5、#6 锅炉送风机处新安装了 6 台电动葫芦。电动葫芦安装完毕后，在未进行静力试验和组织验收的情况下，电气车间电机一班使用电动葫芦进行了工作。

2. 原因分析

电气工作人员安全意识差，对新安装的起重设备必须进行相关试验和验收的安全规定不清楚，对未进行静力试验的电动葫芦可能产生的危险缺乏认识。

3. 处理方法或经过

及时制止违章行为，要求电气车间按照安全规定对新安装的起重设备进行相关试验和验收，待合格后方可使用。

4. 考核情况

电气车间电机一班班长作为班组安全第一责任者负主要责任，记违章 1 次；按《安全考核暂行标准》11.6 款，考核电气车间 300 元，考核电气车间主任、安全员各 200 元。

5. 技术措施或方案

加强班组安全教育，了解和掌握起重设备的相关规定，按照规定使用起重设备。

6. 其他相关资料

无。

7. 附件

无。

40 2312 开关故障造成全厂停电事件

1. 事故经过

2000 年 4 月 20 日 4 时 20 分，#2、#3、#4 发电机组分别带 185 MW、225 MW，230 MW，共计 640 MW 负荷稳定运行，其他运行方式正常。4 月 19 日，经中调同意，#1 发电机组停运，恢复 #1 高厂变低压侧 B 分支封闭母线，19 日 23 时 26 分，在停机过程中，2311 开关掉闸，西田一线失电，当值值长立即向中调值班员汇报。专业人员分析认为 2313 开关 C 相存在内部故障。20 日 1 时左右，运行人员向调度申请将 2313 开关转检修。同时由于 #1 机消缺完毕，运行人员准备用 2312 开关将 #1 发电机组并入电网。20 日 4 时 20 分，运行人员开始进行 #1 发电机组开机前的操作，在合 #1 发变组出口 2313-5 刀闸的过程中，发现 2313-5 刀闸 C 相放电异常，立即停止操作。此时，220kV Ⅰ母线、Ⅱ母线失电，#2、#3、#4 发电机组停运，系统周波最低降到 49.89 Hz，时值用电低谷，未造成对用户限电。确认停电故障是由 2312 开关引起后，运行人员立即隔离故障点并向中调汇报，及时进行事故恢复工作。6 时 40 分，#3 发电机组投入运行；6 时 54 分，#2 发电机组投入运行；9 时 2 分，#4 发电机组投入运行。#1 发电机组并网前，运行人员检查发现发电机转子存在动态接地和匝间短路故障，经检修，#1 发电机组于 5 月 3 日 10 时 57 分投入运行。此次事件中，少发电量为 9892.5 万 kW·h。

2. 原因分析

（1）在进行 2313-5 刀闸操作时，存在短时失去保护问题。

（2）2312 开关 C 相绝缘的立拉杆与上端金属接口处粘接不牢而脱落，是事故的主要原因。

3. 处理方法或经过

无。

4. 考核情况

（1）4 月份全厂停奖整顿 1 个月。

（2）扣电气车间奖金 2 个月。

（3）发电部电气专业在这次事故中没有提供完整的故障信号，投、停保护没有执行操作票制度，扣发电部电气专业奖金 2 个月。

（4）生产部电气专责对反事故措施理解有误，落实措施不力，扣奖金 2 个月。

（5）生产部对设备管理负有责任，生产部副主任杜某某、盖某某、习某某及副总工程师胡某某、史某某、吴某某各扣一个半月奖金。

（6）厂长刘某某负有领导责任，扣奖 2 个月。

（7）生产副厂长徐某某负有领导责任，扣奖 2 个月。

（8）其他厂领导各扣奖一个半月奖金。

5. 技术措施或方案

（1）根据解体检查结果及厂家意见，制定防范措施。

（2）立即组织有关人员对发电机开机操作中短时失去保护问题进行研究，以便尽快解决。

（3）加强对"三票三制"执行情况的检查并加大考核力度。

（4）全面检查电气保护、热控保护存在的问题，并制定整改对策。

6. 其他相关资料

无。

7. 附件

无。

41　1A 凝结水泵运行中掉闸及 1B 凝结水泵未联起事件

1. 事件经过

2001 年 6 月 14 日 14 时 55 分，#1 机组带 240 MW 负荷运行，1A 凝结水泵在运行中掉闸，1B 凝结水泵未联起，运行人员抢合 1B 凝结水泵不成功，后抢合 1A 凝结水泵成功，未造成机组停运。

2. 原因分析

机组正常后，检修人员对事件原因进行了查找，当时 1A 凝结水泵运行，1B 凝结水泵备用，联锁把手在联 B 位置。1A 凝结水泵掉闸时 1B 凝结水泵应联起。将 1B 凝结水泵开关拉试位，仍无法合闸，保护及开关班人员对相应部分进行了检查，发现开关二次插头及操作保险松动，经处理后，开关合、跳正常。分析认为可能是运行中开关二次插头或控制保险松动，合闸回路不通造成开关无法合闸。

后 1B 凝结水泵运行，1A 凝结水泵停运，检修人员对其掉闸原因进行了查找，有关回路测绝缘正常，保护装置试验检查未发现异常，低电压保护部分检查未发现问题，后检查发现热工电子联锁跳闸回路有连线，即此功能热工未用，但回路连线未在电气盘拆除，而是在热工电子间端子排拆除，虽然不能断定此次 1A 凝结水泵在运行中跳闸是由此引起的，但此寄生回路的存在应是隐患。

3. 处理方法或经过

调整 1B 凝结水泵开关的二次插头插针，紧固接线，紧固操作保险座。

4. 考核情况

无。

5. 技术措施或方案

（1）#1、#2 机组 6 kV 系统开关二次插头的结构工艺落后，为片状插头，因使用时间较长，有氧化及松动的现象，且无锁定机构，运行中振动易造成二次插头松动。一单元已发生过几次因此种原因无法合跳动力的情况。现阶段检修人员应加强维护，考虑在大、小修中更换新型二次插头，以彻底解决此类问题。

（2）对 6 kV 系统动力控制回路中的类似问题进行清查，由热工专业人员确认联跳不用的回路，要求电气车间结合动力停运，在电气盘将此回路拆除，消除寄生回路，保证设备安全稳定运行。

6. 其他相关资料

无。

7. 附件

无。

42　380 V 2A 母线误操作事件

1. 事故经过

2001 年 12 月 20 日，#2 机组小修，380 V 2A 母线清扫结束，由检修转运行。电气运行班长令运行五值电气主值班员杨某某、副值班员周某某二人执行操作任务。该项操作任务由杨某某担任监护人，周某某担任操作人。二人在填写完操作票后于 21 时 30 分开始操作，按操作票拆除 380 V 2A 段母线 #20 地线一组、380 V 保安 2A1 段母线上 #19 地线一组及 380 V 保安 2A2 段母线上 #12 地线一组，在检查确认 380 V 2A 段母线无短路接地线后，合 380 V 2A 段备用进线 021 开关时，过流保护动作。就地检查发现 2A 段 PT 间隔短路，三相地线被烧毁。

2. 原因分析

直接原因：操作人、监护人错将 #21 低压厂变低压侧所封 #15 接地线一组当作 #20 接地线一组拆除。实际上，在 380 V 2A 段所封的 #20 接地线仍在母排，在合 021 开关时造成接地短路。

根本原因：操作人、监护人执行安全规程严重不认真。经查，该项 "380 V 2A 母线由检修转运行"的操作票面内容齐全完整，而在具体操作执行时发生了偏差，根据《安规》电气部分，操作中应认真执行监护复诵制，发布操作命令和复诵操作命令都应严肃认真，声音洪亮清晰，必须按操作票填写的顺序逐项操作，每操作完一项，应在检查无误后做一个"√"记号，全部操作完毕后进行复查。然而，此次事件中，操作人、监护人却没有认真按规程规定和所填操作票内容对设备进行核对，全部操作完毕后又没有进行复查，致使应拆除的地线没有拆除，造成合闸后三相接地短路故障。

3. 处理方法或经过

无。

4. 考核情况

按电业生产二类障碍标准，这起误操作事件构成二类障碍，统计在发电部。因其性质恶劣，经研究决定，内部对发电部按甲类一般事故进行考核。具体处罚如下：

（1）发电部主任刘某某、支部书记刘某某负有领导责任，各扣奖金 1000 元。

（2）发电部副主任席某某负有管理责任扣奖 1500 元，发电部副主任赵某某、张某某各扣奖 1000 元，总值长刘某某负有管理责任，扣奖 1000 元。

（3）发电部电气专责工程师郭某某负有培训管理不力责任，扣奖 1500 元。

（4）发电部安全员王某某负有安全监督和管理不力责任，扣奖 500 元。

（5）当值值长朱某某扣奖金 1500 元。

（6）当值电运班长郝某某扣奖金 2000 元。

（7）故障主要责任者主值班员杨某某、副值班员周某某下岗学习 6 个月，其下岗日期从 2001 年 12 月 21 日起至 2002 年 6 月 21 日止。考核合格后竞争上岗。

上述人员所扣奖金从公司 2001 年 12 月所发工资奖金中一次性扣除。

5. 技术措施或方案

（1）每年组织电气运行及相关人员学习《两票管理制度》《电业安全工作

《规程》及《电气运行规程》的有关内容并进行考试。

（2）加强接地线的装拆管理，真正做到运行记录、工作票、接地线登记及接地线箱内接地线编号统一。

（3）运行人员严格执行模拟操作、唱票复诵制度。

（4）装有五防闭锁的设备，要严格按规定使用，不得任意解锁操作。闭锁装置有问题时，经值长批准后，才能解锁操作，解锁操作应在解锁解封封条上写明原因、日期和解锁人，并将解锁情况写在运行记录本上。

（5）6 kV、380 V 母线的停、送电操作由班长或主值担任监护人，电工担任操作人。

（6）装设接地线时，应在操作票中写明具体地点或间隔位置。拆除接地线时，应在操作票中按装设接地线的地点或间隔位置填写，不得笼统填写。

（7）操作中，认真按操作项目逐项认真执行，不得丢项、落项，拆除地线的编号与装设时应完全一致。

（8）操作中发现疑问时，应停止操作，汇报班长，问清楚后再进行操作。

（9）操作票应由操作人填写，不得由其他人代写。

（10）班长安排工作时，要考虑值班员的操作能力、熟练程度及精神状态等方面的因素，并向值班员交代清楚设备的运行方式、操作注意事项。

（11）对于检修后的 6 kV、380 V 母线，厂用变压器，高低压电动机及其他电气设备送电，拆除地线后恢复运行前须用摇表对该设备摇测绝缘，保证其回路完好，无短路接地现象。

6. 其他相关资料

无。

7. 附件

无。

43   220 kV #1 母线运行中掉闸事件

1. 事件经过

2002 年 4 月 27 日，我厂 4 台机组，220 kV #1、2 母线及 7 条线路正常运行，6 串全部成串，无开关停运。#10 启备变停运，正在进行大修及加装高压侧 2112 开关工作。继电保护班人员对 #10 启备变保护及 #1 母线母差保护回路的改进工作已开工，#1 母线 I 套母差保护已退出，II 套母差保护运行，保护

人员正在进行网控 #1 母线 I 套母差保护屏至一单元主控 #10 启备变保护屏的查线工作。10 时 45 分，220 kV 2311、2321、2331、2341、2351、2362 开关同时跳闸，220 kV #1 母线停运。因 6 串全部成串运行，无开关停运，故未造成机组、线路停运，未影响负荷。经现场检查，设备及回路未发现异常问题，#1 母线于 11 时 45 分恢复运行。

2. 原因分析

经现场检查，#1 母线无故障。2311、2321、2331、2341、2351、2362 开关同时跳闸，只能是母线保护动作出口。当时 #1 母线 I 套母差保护已退出运行，所有跳闸压板均已打开。#1 母线 II 套母差保护在运行，保护屏前后均挂了红色幔布，但无任何动作信号。

继电保护人员正在进行 #10 启备变保护及 #1 母线母差保护回路的改进工作，在网控 #1 母线 I 套母差保护屏至一单元主控 #10 启备变保护屏查线工作中，#10 启备变保护启动 #1 母线 I、II 套母差保护的回路均已在 #10 启备变保护屏拆开，接线头均用白胶布包好。

怀疑可能是存在寄生回路或人员误碰造成 #1 母线 I、II 套母差保护出口动作。

3. 处理方法或经过

经检查，回路及装置未发现问题。下午，检修人员将 220 kV #1 母线停运后，对 220 kV #1 母线 I、II 套母差保护装置及回路再次进行了传动检查，未发现异常，且当一单元主控 #10 启备变保护屏内启动母差保护的回路短接时，母差保护有指示信号。4 月 30 日，#10 启备变及 2112 开关充电正常后，#1 母线 I、II 套母差保护正常投入运行。经检查，未发现寄生回路及装置本身问题，不能排除人员误碰造成 #1 母线 I、II 套母差保护出口动作的可能性。

4. 考核情况

此次故障构成一类障碍，统计在电气车间，厂部按一般事故进行考核。

5. 技术措施或方案

（1）继电保护现场工作中的技术安全措施不完善。在当天的工作中，#10 启备变保护启动 #1 母线 I、II 套母差保护的回路应分别停运，将 I、II 套母差保护在母差保护屏端子排拆开，即在运行保护屏的根部拆开，保证运行保护与工作范围无任何联系；不应仅在有工作的一单元主控 #10 启备变保护屏拆线，即只拆开首段而不拆末端，且该回路带电，一旦误碰就会造成运行保护出口。

（2）保护装置及回路的定检存在重视装置性能而忽视基础细节的问题，板件及端子排清理不够细致彻底，部分设备板件积灰。

（3）保护基础管理还存在差距，加强继电保护的基础管理和定检管理。电气继电保护班应及时修改有关图纸及保证定检质量。

母差保护自投运以来，几经扩建和保护改造，其回路变动较大，但班组未及时绘制最新的符合实际的保护屏内端子排图。

（4）母差保护为晶体管型保护，其投运已近10年，元器件老化，可靠性及保护性能降低。应尽快计划安排将晶体管型母差保护换型改造为微机母差保护的相关工作，以保证设备的安全可靠运行。

（5）此次母线掉闸的原因还需进一步分析。继电保护现场工作中的安全措施一定要细致完善，在技术上保证安全。结合我厂220 kV一次接线的特点及保护配置情况，建议在此次母线掉闸原因未查清前，对母差保护的有关工作采取母线停运后进行的方式，不再采取Ⅰ、Ⅱ套母差分别退出运行的方式。

6. 其他相关资料

无。

7. 附件

无。

44 违章作业延误开机事件

1. 事件经过

2002年7月1日12时50分，#3发电机并网前，整流柜闪络放电无法升压，，检查发现1DK、2DK刀闸未合，造成机组延误并网。

2. 原因分析

事后责任分析确认，电气检修人员未认真执行公司"三票三制"的规定，擅动运行管辖设备，构成违章行为。

3. 处理方法或经过

了解清楚事故原因，核实运行方式后，合入1DK、2DK刀闸，#3发电机升压并网。

4. 考核情况

根据责任分析确认，电气检修人员擅动运行管辖设备，构成违章行为，扣奖 300 元。

5. 技术措施或方案

要求检修人员认真执行《电业安全工作规程》以及公司"三票三制"的相关规定，坚决杜绝无票作业、擅自改变运行设备的运行方式等违章行为。

6. 其他相关资料

无。

7. 附件

无。

45　接线错误延误开机事件

1. 事件经过

2002 年 12 月 26 日，电气车间在恢复 #2 机高旁电动门电机接线时，未认真检查所做标记，造成接线错误延，误开机。

2. 原因分析

电动门电机内部安装了电路板，配置了抱闸机构，接线错误造成抱闸机构控制回路不同，抱闸机构不能打开，电机无法启动，高旁门无法打开。

3. 处理方法或经过

按照正确方法，重新接线，电动门正常开启。

4. 考核情况

此次故障构成异常一次，统计在电气车间。

5. 技术措施或方案

（1）拆线前对所有应拆的线缆做标记，标记清晰牢固，并做记录。

（2）接线前严格按照标记恢复接线，并检查紧固情况，保证接线正确，接触良好。

（3）具备试运条件时，进行试运，保证电动门正确打开、关闭。

6. 其他相关资料

无。

7. 附件

无。

46 #1 机中性点电流记录笔及有功负荷记录仪不能正常记录事件

1. 事件经过

2003 年 2 月 10 日 18 时 14 分，#1 机出现"静子接地"光字牌，检查处理过程中发现 #1 机中性点电流记录笔及有功负荷记录仪均不能正常记录，无法录下历史曲线。

运行人员中在巡检中已发现此缺陷，但对此不够重视，且未录入缺陷管理。

2. 原因分析

运行人员没有严格接制度进行工作，责任心不强，对此设备重要性认识不够。

3. 处理方法或经过

无。

4. 考核情况

考核发电部奖金 250 元，考核电气车间奖金 300 元。

5. 技术措施或方案

（1）加强运行管理，增强运行人员的责任意识。
（2）落实设备责任制，严格各项考核制度。

6. 其他相关资料

无。

7. 附件

无。

47 化学段失电事件

1. 事件经过

2003 年 4 月 9 日 15 时 19 分，电气检修人员在检修 #1 化学变时，380 V 化学段与 380 V 消防段的联络开关掉闸，造成 380 V 化学段失电。

2. 原因分析

经查，380 V 化学段失电的原因是一根无用的电缆线碰触设备使其短路，造成 380 V 化学段与 380 V 消防段的联络开关掉闸。

3. 处理方法或经过

现场检查确认故障点后，将无用的电缆两侧分别与运行设备断开，并进行绝缘包扎处理后，恢复 380 V 化学段母线运行。

4. 考核情况

此事件按严重不安全事件考核，扣电气车间奖金 500 元。

5. 技术措施或方案

针对此次事件，要求电气车间对发现的裸露电缆进行全面排查，全部进行绝缘包扎处理，并核实其是否在使用中，要求将废弃的电缆两侧完全断开，避免产生寄生回路，杜绝类似事件的发生。

6. 其他相关资料

无。

7. 附件

无。

48　1C 电动给水泵差动保护误动影响水压试验事件

1. 事件经过

2004 年 3 月 23 日，启动 1C 电动给水泵时，差动保护动作跳闸，检查发现 1C 电动给水泵的电机中性点接线错误，此次事件延误了小修锅炉水压试验。

2. 原因分析

电机中性点 CT 接线错误，导致差动保护误动。

3. 处理方法或经过

改造接线。

4. 考核情况

考核电气车间 200 元。

5. 技术措施或方案

用于各类差动保护的 CT 二次回路，在对其进行回路变动或者拆接线时应做好标记，并在恢复接线后进行极性检查，保证接线的正确性。

6.其他相关资料

无。

7.附件

无。

49　网控误操作事件

1.事故经过

2004年5月13日，白班值长按公司周计划，向省调提出西田Ⅰ线2321开关、2322开关及线路清扫申请。2004年5月14日17时15分，省调照批申请。

5月17日6时13分，按西田Ⅰ线停电计划，调度下令，拉开西田Ⅰ线2321开关、2322开关。网控值班员胡某某、监护人吕某某按调令模拟后于6时22分现场操作执行完毕，报调度知。6时32分，调令拉开西田Ⅰ线2321-5-2-1刀闸，2322-1-2刀闸。接令后，操作人胡某某、监护人吕某某按填写的操作票顺序，在模拟盘上模拟操作后，即到升压站实地操作。7时10分，操作人员误将西平Ⅱ线2323-2刀闸拉开，问题发生后，操作人胡某某、监护人吕某某立即停止操作并马上汇报值长，值长当即向中调汇报误拉情况，胡某某、吕某某二人检查确认误拉刀闸无异常后，在中调指挥下，于7点25分，恢复西平Ⅱ线正常。

西平Ⅱ线2323-2刀闸退出运行15 min，未少送电。

2.原因分析

（1）各级安全管理存在漏洞，"三票三制"和各安全措施规定落实不力，长期安全的形势造成思想松懈。

（2）操作人、监护人执行操作票制度不认真，违反监护人唱票、操作人复颂和操作前认真核对所操作的系统、设备名称及设备编号的倒闸操作规定。

（3）重要操作监护不到位，操作人、监护人违反电气"五防装置"管理规定，擅自使用万能解锁钥匙进行操作。

（4）220 kV微机"五防装置"在过去使用中暴露出的缺陷没有引起各级领导和有关专业技术人员的高度重视，安监部门提出的相应措施没有落实，也没有信息反馈，致使技术性安全防范措施失去作用。

（5）发电部内部协调不当，责任不明确，使生产调度信息传递不畅。当班值长、主值对发电部关于重要操作专业到场的规定没有执行，使重要操作失去了应有的监护。

（6）安全监督部门对随意使用万能解锁钥匙的违章行为的查处力度不够，督促措施落实的力度不够。

3. 处理方法或经过

（1）迅速将"5·17"事故通报全公司，各单位主要领导要亲自组织部门员工认真学习事故通报，并吸取教训，查找不足。车间部门领导和管理人员要自省在遵章守制、杜绝习惯性违章方面是否为员工树立了榜样，每个人都要认真反省在实际工作中存在的习惯性违章行为及今后的防范措施，反省自己的岗位职责是否明确，检查以往下发的安全生产技术措施、规定是否得到了真正落实，查明项目没有落实的原因，要明确最后完成的期限，由部门主要领导签字，并报生产部专业核准后，报安监备案。该项检查于5月27日前完成。

（2）责令事故责任单位发电部从5月18日开始进行为期1个月的反违章安全整顿，并将整顿安排报安全生产技术部安监备查，安监将通过运行现场的工作情况验证整顿效果，再提出整改意见。

（3）确保政令畅通，一级向一级负责，对发现的设备、人身等安全问题要一抓到底，对既不执行上级指示和工作安排，又不请示汇报者，一经发现要严肃处理。

（4）今后对不执行"三票三制"和各项安全规定者，一经发现立即下岗。

4. 考核情况

按照国家电网有限公司和河北省电力有限公司关于人为责任事故的处罚规定，处理如下：

（1）给予"5·17"事故的主要责任者网控值班员胡某某自2004年5月17日起至2004年11月17日下岗6个月的处罚。

（2）给予"5·17"事故的主要责任者一单元电气主值班员吕某某自2004年5月17日起至2004年11月17日下岗6个月的处罚。

（3）扣发电部（除化学专业、三期培训人员外）五月份奖金。

（4）当值值长聂某没有按规定通知有关人员到场，使重要操作失去应有的监护，对这次事故负有间接责任，扣2个月奖金（五、六月份）。

（5）发电部有关领导刘某某、赵某某、张某某、席某某及值长组组长刘某某对该次事故都负有不可推卸的领导责任，各扣一个半月奖金（五月份一个月，六月份半个月）。

（6）发电部电气专责郭某某对"五防装置"的缺陷重视不足，在扣奖1

个月的基础上再加扣 300 元；发电部安全员王某某在安全管理方面有失察责任，在扣奖 1 个月的基础上再加扣 300 元。

（7）电气车间对"五防装置"负有维护不当责任，扣有关人员奖金 1000 元。

（8）生产部电气专责石某某对"五防装置"负有监督不力和失察责任，扣奖 1000 元。

（9）生产部主任杜某某、副主任盖某某负有领导责任，各扣奖 300 元。

（10）安全监察专工吴某某、秦某某对发电部操作及"五防装置"负有日常监督不严责任，各扣奖 200 元。

（11）安全管理部门主要负责人生产部副主任习某某对发电部操作及"五防装置"负有监督不力、管理不严责任，扣奖 500 元。

（12）对其他人员（包括公司领导）的扣奖按西电安全目标奖考核规定执行。

（13）"5·17"事故发生后，本着对事故"四不放过"的原则，公司对发生事故的主要责任人和负有相应责任的领导及有关人员进行了经济处罚。处罚不是目的，是落实责任制的手段，主要是为了教育责任者，警示他人，不再发生类似的事故，把安全生产责任制落实到实处，把执行规章制度落实到实处。

5. 技术措施或方案

要求生产部五防管理专责人员将"五防装置"管理规定中的使用、试验、维护工作进行量化，通过有组织的技术措施保证"五防装置"的可靠使用。5 月 25 日前完成。

6. 其他相关资料

无。

7. 附件

无。

50　#2 高压厂变冷却器工作电源 A 路电缆接头温度高事件

1. 事件经过

2004 年 6 月 10 日 20 时 40 分左右，巡回检查人员发现 #2 高压厂变冷却风扇控制箱 A 工作电源电缆接头温度为 85℃，立即到为 B 路电源工作，并联系开关班，点检员回答值班人员在 #4 主变冲冷却器。二人一同到现场检查。交代需要工作和备用两路电源同时停电才可以消除缺陷。然而 #2 高厂变油温 53℃，不能停风扇。同时，电气班长通知电检车间值班人员该缺陷以及开关班值班人员不在情况，电检车间值班人员交代肯定会及时消除缺陷。

6 月 11 日，夜班接班时单元长记录写明 #2 高压厂变冷却风扇控制箱工作电源电缆接头温度为 85℃，接班时电气车间人员和生产部人员在场消除 #1、#2 机缺陷。早晨值班员巡检发现此缺陷并未处理掉，于是联系电检，但未联系上。7 时 30 分左右，值班员将此情况通知了电气车间主任。

2. 原因分析

（1）规程规定高压厂变中，允许在 70% 负荷以下或上层油温低于 55℃ 时，变压器工作在自冷状态。如果情况紧急需立即消缺，前夜班可以将风扇电源切至手动位置，将两路风扇电源停电。

（2）交接班时没有交接清缺陷的处理状态，接班班组同样也没有及时采取停电措施，及时联系检修人员进行消缺。

3. 处理方法或经过

（1）加强检查维护，发现缺陷应积极配合、督促检修人员消缺。

（2）认真学习规程，提高事故处理的应变能力。

（3）认真学习交接班制度的有关内容，交接班时做到心中有数。

4. 考核情况

考核值班员 100 元。

5. 处理措施或方案

无。

6. 其他相关资料

无。

7. 附件

无。

51 西鹿线实际送出电量与表计指示电量偏差较大事件

1. 事件经过

2006 年 2 月 8 日，仪表班对西鹿线线路 2361、2362 开关表计及变送器进行二次回路检查。2月12日16时，西鹿线投入运行。投入运行后，网控值班员抄表时发现西鹿线有功功率表指示比以前有所减少，判断是对端用电负荷减少，但是没有进行分析，也没有切换核对三相电流是否平衡，就将功率表码数抄到生产日报上。此种现象一直持续到故障查清。经营策划部统计人员在2月14日发现了2月13日生产日报指标异常，供电煤耗为427.14 kg/kW·h，厂用电率为9.22%，并将此情况汇报了主任，经过几天观察分析认为电量可能有问题，在2月20日生产日报运行记事中提出此事，要求有关部门分析原因，并于22日在生产调度会上提出。会后，生产技术部、发电部有关专责人员对此现象开始跟踪追查，并通知电气主任查找技术原因。2月23日上午，电气车间仪表班在网控楼检查发现西鹿线关口表回路C相无电流，确认西鹿线功率变送器2BW2第三端子断裂，C相电流回路开路。

2. 原因分析

电气车间仪表班检查试验工作不认真、不细致，给运行人员交了一台不合格的设备。网控值班人员工作不认真，对抄表中发生的数据变化不分析、不核对，不切换三相电流。发电部、经营策划部统计人员对生产日报中出现的异常情况不敏感，对异常数据的出现反馈不及时。生产技术部领导对经营策划部提出的生产数据异常安排检查不及时。关口表出现异常情况后，相关人员没有按购售电合同的有关条款处理，单方处理了缺陷，给追回电量造成了困难。

3. 处理方法或经过

恢复C相电流回路后，经核对，本厂有功功率表显示与鹿泉站功率表显示相同。经技术分析与核算，该功率表异常时间长达11天，使我公司少计输出电量约640万kW·h。公司有关部门正在努力回追少计电量。

4. 考核情况

无。

5. 技术措施或方案

要求电气车间采取技术措施防止此类故障的发生，发电部规范抄表程序并做好监督，经营策划部、生产技术部制定明确的纠正措施，杜绝此类事件再次发生。

6. 其他相关资料

无。

7. 附件

无。

52 脱硫公用段短差保护误动作事件

1. 事件经过

2007 年 6 月 13 日，工作人员安排脱硫公用段 B 电源送电试验，如送电正常，将脱硫公用段电源倒为双电源正常供电方式。

11 时 50 分，6 kV 脱硫公用 I 、Ⅱ 段由 6kV 6B1 段电源开关供电，脱硫公用段母联 T630 在合闸位置。在 6kV 5A1 段电源开关充电备用方式下，除尘值班员启动 #1 真空泵后，6kV 6B1 段电源开关跳闸，出现 "6kV 6B1 段脱硫公用 B 电源 1 比率差动保护" 保护动作。报告显示：DI_a 为 0.13 A，DI_b 为 0.3 A，DI_c 为 0，HI_a 为 0.27 A。将 B 电源两侧开关拉开，通知检修人员检查。运行人员将 6kV 5A1 段电源开关合闸送电。高压班摇 B 电源绝缘良好。保护班检查综保装置通流试验及二次、CT 回路检查。

15 时 58 分，6 kV 脱硫公用 I 、Ⅱ 段由 6kV 5A1 段电源开关供电，脱硫公用段母联 T630 在合闸位置。再 6kV 6B1 段电源开关充电备用方式下，合 #2 制粉变低压开关时，6kV 5A1 段电源开关跳闸，出现 "6kV 5A1 段脱硫公用 A 电源 1 比率差动保护" 保护动作。报告显示：DI_a 为 0.37A，DI_b 为 0，DI_c 为 0，HI_a0.57A。

立即拉开 #2 制粉变高、低压开关。恢复 6kV 5A1 段脱硫公用 A 电源 1 比率差动保护，用 6kV 5A1 段脱硫公用 A 电源试送电成功。恢复脱硫公用 I 、Ⅱ 段供电及制粉 PC Ⅱ 段供电。

2. 原因分析

两次 6 kV 电源侧 WDZ-415 短线差动保护中的比率差动保护动作跳闸后，经试验检查，一次设备均无故障，且保护动作前操作设备均为下一级设备，在该保护动作区外，下一级设备保护并未动作，因此，可以确定为该保护误动。

WDZ-415 短线差动保护装置进行定值试验检查，未发现异常，可以排除保护装置故障引起误动的可能；CT 回路检查中发现，差动保护用的两组 CT 回路分别在各自安装地点的开关柜接地，不符合差动保护 CT 回路只能有一点接地的要求，由保护班将 6 kV 脱硫公用段开关柜上的接地点拆除。虽然 CT 回路多点接地不满足要求，但是只能在一次系统故障且地网连接不好的情况下可能发生误动，而两次跳闸均无一次系统故障，且三期设备地网刚完成不久，连接应不存在问题，因此，CT 回路多点接地不是比率差动保护误动的根本原因。

从比率差动保护动作报告可以看出，保护动作基本在动作区的临界点，基本无制动特性，而按照保护装置原理，区外故障时，比率差动保护制动量应为两侧电流之和的一半，有很好的制动特性，能够防止装置误动。从比率差动保护动作报告分析，小的扰动造成保护差流达到启动值，但不能达到制动特性区（$I_{dz} \geqslant 0.5I_e$），保护动作出口。单纯提高保护动作定值并不能从根本上解决问题。因此，重点应在传变设备（CT）及回路，该比率差动保护用两组 CT 中，电源侧（6 kV 机组工作段）CT 变比为 800/1，容量 30 VA，CT 回路引线 5 mm² 铜线，线路侧（6 kV 脱硫公用段）CT 变比为 800/5，容量 40 VA，CT 回路引线 5 mm² 铜线。比较可以发现，CT 变比的不同，可以在保护装置中调整平衡系数进行调平，但因两组 CT 电流回路到保护装置的电缆距离差异很大，电源侧 CT 电流回路电缆长小于 10 m，线路侧 CT 电流回路的电缆长不小于 300 m，回路阻抗的差异很大，且线路侧选用了变比为 800/5 的 CT，带载能力较弱，在保护装置中调整平衡时需乘 0.2 的系数，这样，正常稳态情况下保护装置运行正常，在操作下一级设备时引起负荷穿越，CT 进行暂态传变时，因线路侧 CT 变比小，容量小，极易出现饱和，输出低，而该型保护仅为简单的比率差动保护，并不具备二次谐波制动、快速复合电压闭锁等功能，因此，保护装置出现误动。

3. 处理方法或经过

单纯提高保护动作定值并不能从根本上解决问题。要解决问题必须将线路侧 CT 更换为 800/1 或大容量 CT，同时，加大 CT 回路电缆芯线截面，降低回路阻抗，但考虑到 WDZ-415 短线差动保护装置中，CT 电流回路的电缆长度差异大，且经常有穿越负荷的情况，不带任何闭锁的简单比率差动保护并不合适。同时，考虑到 WDZ-415 短线差动保护装置中还有完善的速断、过流、接地保护，速断、接地保护的整定灵敏度完全满足全范围故障保护速动的要求，因此完全可以退出比率差动保护功能。

4. 考核情况

无。

5. 技术措施或方案

两次 6 kV 电源侧 WDZ-415 短线差动保护中的比率差动保护误动作跳闸的原因是差动保护两组 CT 及电流回路存在较大差异。线路侧 CT 变比小，容量小，电缆长度过长，截面小，在 CT 进行暂态传变时，出现两侧传变特性不一致，造成保护误动。WDZ-415 短线差动保护装置中还有完善的速断、过流、接地保护，速断、接地保护的整定灵敏度完全满足全范围故障保护速动的要求，可以退出比率差动保护功能，作为馈线保护完全满足要求。

三期外围电源类似情况配置的其他电缆差动均可按照上述原则处理。

6. 其他相关资料

无。

7. 附件

无。

53　西托线 B 相故障事件

1. 事故经过

2006 年 11 月 12 日 8 时 40 分，西托线瞬时性 B 相接地故障，线路保护装置动作，跳开 2321、2322 开关 B 相，切除故障后，自动重合成功。

西托线瞬时性 B 相接地故障发生后，26 ms 微机保护 I LFP-901B（CUP1）高频主保护 D++（高频突变量方向）、0++（高频零序方向）保护动作，B 相跳闸出口，故障测距 33.3 km；14 ms 微机保护 II CSC-103A 分相差动 B 相保护跳闸出口，故障测距 39.25 km；18 ms 2321 开关断路器保护 LFP-921B 单相（B 相）联跳 TLT 保护动作，2321 断路器 B 相跳闸，885 ms 重合出口成功；18 ms 2322 开关断路器保护 LFP-921B 单相（B 相）联跳 TLT 保护动作，2352 断路器 B 相跳闸，1186 ms 重合闸出口成功。

故障时，#4 故障录波器正确启动，录波完好。

在故障过程中，灯光音响指示正确。

保护动作行为评价：在这次故障中，共有 5 套保护装置、3 套自动装置动作，全部正确。

进行以下报告打印：LFP-901B 保护装置打印报告；CSC-103A 保护装置打印报告；2321 开关 LFP-921B 保护装置打印报告；2322 开关 LFP-921B 保护装置打印报告；#4 故障录波器打印报告。

2. 原因分析

无。

3. 处理方法或经过

无。

4. 考核情况

无。

5.技术措施或方案

无。

6.其他相关资料

无。

7.附件

无。

54　西鹿线线路跳闸故障事件

1.事件经过

2007 年 4 月 18 日 5 时 53 分，西鹿线 2361、2362 开关 B 相掉闸，重合闸动作，后三跳，造成西鹿线失电。

西鹿线约 14.4 km 处，发生 B 相瞬时接地故障，造成西鹿线 LFP-931C 差动保护动作，动作时间 15 ms。同时，CS101 高频距离保护动作，动作时间 33 ms。2361 断路器重合闸动作，20 ms 单跳 B 相，903 ms 重合 B 相，923 msA、B、C 三相跳闸，出现"重合闸未充电"。2362 断路器重合闸动作，21 ms 单跳 B 相，1205 ms 重合 B 相，1225 ms A、B、C 三相跳闸，出现"重合闸未充电"。造成西鹿线失电。

保护出口是 LFP-931C 差动保护，故障录波追忆 B 相跳闸时间为 60 ms，重合上开关时间是 987 ms。再次三相跳闸时间是 1256 ms（A 相）、1052 ms（B 相）、1256 ms（C 相）。

故障录波器动作情况：

录波时间：2007 年 4 月 18 日 5 时 53 分。

故障线路：西鹿线。

故障距离：12.3 km。

故障相别：BN。

故障电流：0.2 A（A 相）、4.2 A（B 相）、0.2 A（C 相）、4.1 A（$3I_0$）。

故障电压：58.3 V（A 相）、32.7 V（B 相）、59.9 V（C 相）、48.6 V（$3U_0$）。

故障相别：A、B、C。

跳闸时间：60 ms。

重合时间：987 ms。

再次故障相别：AN。

再次跳闸相别：B。

再次跳闸时间：1256 ms（A 相）、1052 ms（B 相）、1256 ms（C 相）。

启动线路：

S97 西鹿 SF600 启动：9.8 ms。

S99 西鹿 931C 保护跳 B：19.8 ms。

S97 西鹿 SF600 启动：22.9 ms。

S102 2361 断路器 921 跳 B：29 ms。

2. 原因分析

西鹿线线路保护动作启动重合闸动作，同时将保护动作信号提供给沟通三跳回路。误沟通三跳的原因是，用来沟通三跳的板件内部接点出错，本应使用保护动作瞬动接点，却用成保护动作的保持接点，当时重合闸已放电，最终造成沟通三跳动作。

3. 处理方法或方案

无。

4. 考核情况

无。

5. 技术措施或方案

继电保护应该学会在保护定检装置的时候，把回路的问题找出来，防止类似事故发生。

在运行方面，运行人员判断故障的能力有待提高，应加强技术学习，掌握事故报告的追忆。学会看故障报告，学会在紧急情况下，判断故障的性质、保护动作出口情况以及快速向中调报告事故全面情况等。

追忆的故障报告如下。

（1）西鹿线 CS101 保护动作情况

动作时间 /ms	故障信息	中文描述
TIME	05：55：39	故障开始时间
7	GPQD	高频启动
18	GPJLTX	高频距离停信
33	GPJLCK	高频距离出口

从波形信息上看出 I_B 为 7.58 kA，$3I_0$ 为 7.38 kA，U_B 为 47 V，$3U_0$ 为 72 V。

（2）西鹿线 LFP-931C 保护动作情况

时间：07-04-18 05:53:41

CPU1 RELAY：

NO	TRIP TIME/ms（故障时间/ms）	TRIP PHASE（故障相别）	Trip Relay（故障含义）
1	00015	B	DIF（差动保护动作）

THE FOLLOWING DATA COME FROM FAULT LOCATION（故障信息）

FAULT PHASE（故障相）	B
FAULT DISTANCE（故障距离）	014.4 km
I_{MAX}（电流最大值）	004.34 A
I_0（零序电流）	004.21 A

（3）LFP-921B 2361 断路器保护动作情况

07-04-18 05:54:07

CPU1 RELAY：

NO	TRIP TIME/ms（故障时间/ms）	TRIP PHASE（故障相别）	Trip Relay（故障含义）
1	00020	B	TLT（单相联跳保护动作）

CPU2 RELAY：

NO	TRIP TIME/ms（故障时间/ms）	TRIP PHASE（故障相别）	Trip Relay（故障含义）
1	00903		CH（重合闸动作）
2	00923	ABC	NPR（重合闸未充电）

CH TIME	00903 ms（重合时间）

（4）LFP-921B 2362 断路器保护动作情况

07-04-18 05:52:43

CPU1 RELAY：

NO	TRIP TIME/ms（故障时间/ms）	TRIP PHASE（故障相别）	Trip Relay（故障含义）
1	00021	B	TLT（单相联跳保护动作）

CPU2 RELAY：

NO	TRIP TIME/ms （故障时间 /ms）	TRIP PHASE （故障相别）	Trip Relay （故障含义）
1	01205		CH（重合闸动作）
2	01225	ABC	NPR（重合闸未充电）
CH TIME		01205 ms（重合时间）	

6. 其他相关资料

无。

7. 附件

无。

55　6 kV 2B 段接地事件

1. 事件经过

2007 年 5 月 22 日 12 时 48 分，#2 机警铃响，中央信号出现 "6 kV 2B SECT GND"（6 kV 2B 段接地）信号，检查 6 kV 2B 段母线相电压，A、C 相为 6.1 kV，B 相为 0.4 kV，怀疑 6 kV 2B 段 B 相对地实接地，随即对 6 kV 2B 段进行检查。工作人员进入 6 kV 配电室后闻见有异味，对接地变检查时发现窥视窗内有红光，打开门后发现接地变有螺栓烧红。

12 时 51 分，电气值班员立即要求机炉将 6 kV 2B 段所带设备倒换为 A 段运行，将 #12 照明段倒为 #11 照明段运行。通知除尘班将 380 V 除尘 2B 段倒为 380 V 2A 除尘段供电。

12 时 59 分，6 kV 母线相电压已正常，接地已消除。

13 时 5 分，#22 低厂变负荷转移到 #20 低备变。6 kV 2B 段母线所带动力已停止运行，#12 照明变，2B 除尘变已转移负荷，拉开工作进线 722A 开关、702A 开关，6 kV 2B 段母线停电。

13 时 3 分至 16 时 2 分，将 6 kV 2B 段所有负荷开关拉出间隔，检修人员测量所有负荷绝缘及母线绝缘，发现 2B 一次风机对地绝缘为 0 MΩ，2B 引风机对地绝缘低，合入地刀电检查原因。电检查接地变器绝缘正常。热工处理温度表线绝缘破坏。将正常设备送入试位。

16 时 2 分，6 kV 2B 段用 702B 开关充电正常。

16 时 20 分，6 kV 2B 段倒为正常方式供电。

16 时 40 分，6 kV 动力及 #22 低压厂变，#12 照明变，2B 除尘变恢复正常运行。2B 吸风机及 2B 一次风机处理好，恢复正常运行。

2. 原因分析

无。

3. 处理方法或经过

无。

4. 考核情况

无。

5. 技术措施或方案

无。

6. 其他相关资料

无。

7. 附件

无。

56　5022 开关误合闸事件

1. 事件经过

2008 年 2 月 26 日，在准备 #6 机组大联锁时，首先将 5022 开关解串断开，然后在 8 时 38 分 4 秒断开 5023 开关，1.268 s 后 5022 开关三相合闸，接入系统。

10 时 49 分，断开 5022 开关；11 时 16 分 22 秒，操作拉开 5023-2 刀闸，1.210 s 后 5022 开关再次合闸；13 时 25 分，断开 5022 开关；15 时 3 分 25 秒，在操作 #6 主变高压侧接地刀 5023-617 时，5022 开关合闸。为模拟这次现象，在 5022 断路器保护柜短接跳闸接点，结果 15 时 22 分 42 秒，5022 开关由合到分，1.04 s 后 5022 开关合闸；再次较长时间短接跳闸接点，5022 开关断开，从录波图上看出 15 时 26 分，5022 开关由合到分，0.409 s 后合闸，0.072 s 后跳闸。然后模拟拉合 617 刀闸，只要一有操作 5022 开关就会合闸。

在第二串 NCS 测控柜断开 5022 开关的开关量输入信号，从端子排装置侧短接模拟开关量变位，5022 开关 NCS 测控装置发合闸脉冲。

联系厂家（国电南京自动化股份有限公司）检查更换装置板件。3 月 27 日，厂家人员赶到现场后，上述现象消失，不能重现，5022 开关无法自动合闸。

2. 原因分析

经分析认定，500 kV 升压站在操作时产生较强的电磁干扰，同时 NCS 测控装置本身抗干扰能力差，导致在有开关量变位时，5022 开关 NCS 测控装置误发合闸脉冲。

3. 处理方法或经过

为防止 5022 开关误合闸造成严重事故，决定采取如下措施：

（1）将 5022 开关同期合闸更换至备用通道。

（2）检查等电位接地网及屏蔽电缆屏蔽层接地是否符合反措要求，发现问题及时改正。

（3）运行人员操作时在拉开 5022 开关后，首先断开 5022 开关操作电源，再进行 500 kV 升压站内其他操作。

（4）督促 NCS 测控柜厂家对装置进行进一步的抗干扰试验，发现问题后及时整改。

4. 考核情况

无。

5. 技术措施或经过

500 kV 升压站在建设过程中和投运以后，发现了一些问题，例如：接线工艺质量差、导线有硬伤易断、电缆中间有接头、CT 引出线易松动开路、电缆屏蔽层接地不良等。有一些问题在设备检修维护中进行了改造，如更换5022、5023 开关 CT 端子盒和端子排，消除了运行中 CT 开路的重大隐患；在长电缆跳闸回路增加了大功率重动继电器；#5、#6 机组主变高压侧 PT 引出线接地；更换备用芯等。但安全隐患仍然存在，如屏蔽电缆接地等。为确保安全生产，建议如下：

（1）由生产部牵头，电气车间、班组具体执行，对照有关规程、标准、反措，对 220 kV 和 500 kV 升压站设备、地网、等电位接地等情况进行认真摸排，查找隐患，并制定出相应整改措施，对一时无法完成的，要制定防范措施。

（2）500 kV 电压等级虽然在河北省运行多年，但仍然是新事物。相关工作人员运行维护经验不足，对一些规程、标准、反措的了解认识还不充分，应加强这方面的学习交流。

（3）220 kV 及 500 kV 升压站设备都是涉网设备，尤其是继电保护装置，一旦发生问题，有可能造成重大影响。根据现在的运行情况，设备还存在重大隐患，尤其是 500 kV 升压站，建议将"500 kV 升压站电磁干扰对继电保护及测控装置的影响及对策"作为一个课题或项目，组织力量进行攻关（鉴于公司自身的能力有限，经验不足，设备条件不具备，可邀请相关权威专家参与），力争尽快消除这一严重影响公司安全生产的重大隐患。

6. 其他相关资料

建厂以来涉网开关异常动作行为统计及分析：

（1）2006 年 6 月 5 日 15 时 6 分，220 kV 升压站 2312、2332、2342、2362 开关跳闸，经分析后认定，应是交流电窜入直流系统，造成长距离电缆远端跳闸接点干扰，经分相操作箱直接出口跳闸。连接 #1、#2、#3、#4 发电机组的另外四台边开关（2313、2331、2341、2361）由另外一组直流电源供电，若交流电窜入该直流系统，很有可能造成全厂停电。

经认真检查，在 1～4 号机组及 220 kV 升压站没有发现可疑故障点。因原设计时 220 kV 系统与 500 kV 系统共用一个直流系统，当时电建施工调试正在紧张进行，现场比较混乱，最后认定是在施工调试过程中不慎造成交流窜入直流系统。为避免类似情况再次发生，设计院进行了设计变更，新建一组直流系统，由 500 kV 升压站专用。

（2）2006 年 12 月 24 日 12 时 24 分，220 kV 升压站 2312、2332、2342、2362 开关再次跳闸，与上次情况非常类似，经分析后认定，仍是交流电窜入直流系统，造成长距离电缆远端跳闸接点干扰，经分相操作箱直接出口跳闸。

事故发生后，公司从上到下非常重视，在省公司的大力支持配合下，由生产部、车间具体指导，班组会同河北电研院有关专家对 220 kV 升压站设备进行了仔细排查，并进行了模拟试验，历时 8 天，最后决定在发变组出口开关加装大功率中间继电器，提高装置的抗干扰能力。

（3）2007 年 10 月 12 日 20 时 44 分，西平 II 线发生瞬时性 A 相接地故障，线路保护装置正确动作。但故障时西平 I 线 2312 开关 13 ms LTst 动作三相跳闸。此时 220 kV II 母线刚刚恢复，2313 开关运行，假如母线晚恢复 1 小时，就会造成一条 220 kV 线路停运。

经分析认定，在故障时电流条件满足，同时故障产生的干扰在发变组启动失灵长电缆回路形成干扰，导致 2312 开关三相跳闸。采取的防范措施为在发变组启动失灵加装大功率重动继电器，提高其抗干扰能力。

（4）2007 年 12 月 20 日，705A1 开关运行中跳闸，导致 6 kV 5A1 段母线失电，7 min 后 705A1 开关自合。当时运行方式为 5A 高厂变检修，5A1 段工作进线开关停运检修，5A1 段备用进线开关 705A1 运行，5A1 段由 30A 起备变供电。造成 705A1 开关跳闸的原因至今不明。

（5）2008 年 2 月 26 日 5022 开关误合闸。以上统计表明，在 2006 年 6 月以前，没有发生过不明原因的开关异常动作行为。自 2006 年 6 月以来，220 kV 升压站和 500 kV 升压站发生了多次开关异常动作行为，虽然侥幸没有严重后果，但对公司及电网的安全稳定造成了威胁。对上述异常动作行为，公司做了大量工作，基本认定为干扰所致，也采取了一些措施，但非常遗憾的是没有找到直接证据验证分析。一个值得注意的现象是这些异常动作行为都是在 2006 年 6 月份以后，这个时间恰好是 500 kV 升压站建成之时。有理由怀疑 500 kV 升压站建成后对整个地网结构产生了影响，改变了原有的电磁环境，使电磁干扰更加严重，导致了此后多次异常动作行为的发生。

7. 附件

无。

3 锅炉篇

3.1 轻伤及以上人身伤害事件

01 #2锅炉机械伤害事件

1.事件经过

2002年9月21日15时16分，在#2机组炉膛受热面检修过程中，锅炉车间董某某进行水冷壁换管作业。到达现场后，董某某拉好电线，用坡口机对上午切割完毕的水冷壁管打磨坡口。打磨好第4根水冷壁管后，董某某右手挤压坡口机按钮，将其关闭，之后双手抱着坡口机，将其安装在即将打磨坡口的第5根水冷壁管上。期间，董某某并未将坡口机插线板上的电源关闭。在对坡口机紧固的过程中，他不小心碰到坡口机开关，坡口机启动。高速旋转的刀片迅速将董某某的手指头切下一截，血流不止，董某某咬牙将断指接回，用手掐住手指的供血端，大声求援。同班组人员听见呼喊后立刻将坡口机电源关闭，搀扶董某某离开现场，前往厂医务室急救。在厂医务室经过止血、包扎等初步处理后，将董某某送往省三院急救中心。医生根据董某某受伤手指的情况，选择腹部植皮术。由于董某某在事故发生后沉着冷静，第一时间进行了正确的自我救助，并及时呼叫支援，将损害降到了最低。

2.原因分析

发生此次人身伤害事故的原因是相关作业人员安全意识薄弱，移动电动工具时未按规定关闭电源，安装坡口机时误触开关，坡口机突然启动，人员躲闪不及。

3.处理方法或经过

无。

4.考核情况

考核相关责任人员。

5.技术措施或方案

（1）组织安全培训，增强员工安全意识，贯彻落实安全管理规范的相关内容。严禁电动工具在带电的情况下移动。

（2）工作负责人需注意进入现场的工作人员的精神状态，施工前要进行危险源辨识，提醒工作人员需注意的安全事项。

（3）同班组工作人员要相互监督提醒，现场工作时发现不安全的行为和不稳定因素要及时制止，防患于未然。

（4）对员工进行急救技能培训，使员工能在第一时间采取正确的步骤自救，将损失减少。

6.其他相关资料

无。

7.附件

无。

02　某员工物体打击伤害事件

1.事件经过

2002 年 11 月 12 日，锅炉车间磨煤班作业组长张某某带领工作人员段某某、张某进行拆除 1B 磨煤机入口料斗的工作，在施工中使用电动葫芦斜拉料斗时出现安全隐患，车间安全员发现后当场对工作负责人进行了制止，并劝告工作负责人张某某应使用叉车在料斗前接好，防止料斗跌落伤人，随后张某某便停止了该项工作。当车间安全员离开施工现场后，其又继续违章指挥作业，在 1B 磨煤机入口料斗将要脱落时，张某某操作电动葫芦将防止料斗前倾的 2 吨倒链拉断，拉断倒链的链条将张某右脚大蹐趾砸伤（当时张某穿的是防砸鞋，鞋的防护钢板被砸变形，鞋面被砸裂）。事后送医院，经过医生拍 X 片检查，张某骨头无损伤，右脚大蹐趾肌肉组织被砸下一块，随后医生进行了缝合处理。

2.原因分析

此次事件发生的根本原因是工作负责人张某某，在工作中违反了《电业安全工作规程》起重和搬运中的有关条款及《作业安全措施票》的有关规定。在工作中安全防范措施不到位，在车间安全员指出其违章行为并停止其工作的情况下，安全员离开后又继续进行违章作业，忽视人身安全，并导致严重的不安全事件发生。

3. 处理方法或经过

无。

4. 考核情况

此次事件严重违章，按省公司有关规定，考核锅炉车间及相关人员。

5. 技术措施或方案

（1）组织员工学习相关安全知识，增强安全意识，文明施工，杜绝工作中一切违反《电业安全工作规程》起重和搬运中的有关条款及《作业安全措施票》的有关规定的行为。

（2）组织各部门认真汲取此次事件的教训，举一反三，及时消除身边的安全隐患，杜绝类似事件的发生。

6. 其他相关资料

无。

7. 附件

无。

03　王某某高处坠落事件

1. 事件经过

2002 年 12 月 6 日 9 时 21 分，锅炉车间某班王某某等三人在 #6 锅炉磨煤机热风箱顶部处理缺陷。时值寒冬，三人均头戴带毛的安全帽，身穿厚棉服，脚蹬防砸鞋。到达现场，绑好安全带，戴上防护手套后，三人依次将工具从三轮车上取下，两人在前，李某某在后，开始攀爬脚手架。王某某将安全带绑在腰间，左手拿榔头等工具，右手抓脚手架横杆，顺着脚手架爬梯而上。当攀爬至 3 m 左右的高度时，王某某右手没有抓牢横杆，身子后仰，发出"啊"的一声，身子平躺着坠落。坠落过程中，被磨煤机第一层操作平台阻挡一下，最终脸向上平躺在地面上。一同作业的其余二人急忙从脚手架上下来，发现王某某已昏迷，连声呼叫后王某某逐渐醒转。同班组二人依据平日所学的急救知识，一方面呼叫 120 急救中心，另一方面去除伤员身上的用具和口袋中的硬物，使伤员就保持地平仰卧位，保持呼吸道畅通，解开衣领扣，等待救援。后经检查，王某某全身多处骨折，所幸身穿棉服、头戴安全帽，并未对颅脑造成损伤，需卧床静养。

2.原因分析

造成此次王某某高处坠落事故的主要原因：一是工作人员安全意识淡薄，违章冒险单手攀爬脚手架。二是未按规定正确使用安全带等防护工具，在坠落发生时没有及时对伤员起到防护作用。

3.处理方法或经过

无。

4.考核情况

考核相关责任人及车间。

5.技术措施或方案

（1）工作人员在攀爬作业梯时，手中禁止携带任何材料或者工具。

（2）高处作业时正确使用安全带等防坠落工具，安检等部门加强对现场的巡视检查工作，防止携带安全防护器具却不使用的现象发生。

（3）组织各班组学习此次经验教训，反省身边的习惯性违章行为，及时纠正不安全行为，增强工作人员的安全意识。

6.其他相关资料

无。

7.附件

无。

04 #4锅炉某员工灰斗疏通烫伤事件

1.事件经过

2005年10月8日17时10分，锅炉车间本体班在进行#4锅炉C灰斗疏通工作。由于放灰已有一段时间，且未曾再有干灰从管道流到灰斗，现场工作人员误以为干灰已放完。为将干灰彻底清理干净，遂打开人孔门，使用消防水冲洗灰斗。大量的干灰瞬间从放灰侧门处喷涌而出。本体班检修人员齐某某此时担任监护角色，但由于思想走神，并未及时发现危险。当危险来临齐某某转身奔跑时却被现场工具绊倒，腿部被掩埋在温度高达数百度的干灰中，丧失移动能力。一同作业的班组其他人员立刻用工具将齐某某身边的干灰扒开，将其救出，送往厂医务室，简单包扎后送往三甲医院继续住院处理。此次事故造成齐某某双下肢烫伤。

2.原因分析

造成此次事故的主要原因：一是工作人员事前对现场危险源辨识不到位，没有对可能产生的危险采取措施。二是文明施工不到位，现场工器具的摆放杂乱无章，没有保持逃生通道的畅通，致使危险来临时躲闪不及。三是连日来的加班检修使得工作人员非常疲劳，工作时思想涣散不集中。

3.处理方法或经过

无。

4.考核情况

此次事件构成人身轻伤一次，统计在锅炉车间，考核锅炉车间和安全监察部。

5.技术措施或方案

（1）增强工作人员安全意识、自保互保意识。

（2）工作负责人工作前认真做好危险点分析工作和预控措施，做好隐患点排查工作，做好安全交底工作，杜绝工作中一切违反《电业安全工作规程》的行为。

（3）组织各部门认真汲取此次事件的教训，举一反三，及时消除身边的安全隐患，杜绝类似事件的发生。

（4）现场作业时一定要文明施工，注意工器具的摆放，保持逃生通道畅通。

（5）工作负责人要多注意班组人员思想动态和精气神，发现人员精神不集中时尽量避免其进入现场工作。

6.其他相关资料

无。

7.附件

无。

05　高处坠落死亡事件

1.事件经过

2006年2月22日，外包施工队伍王某某、李某某携带工具来到#5锅炉炉左电梯井靠近捞渣机一侧拆除管道保温。此时已是数九寒冬，刚刚下完雪，地面上有铲雪遗留下的冰柱。二人稍作休整后开始工作。爬脚手架的过程中虽系有安全带，但二人为图方便，均未按规定高挂低用。该脚手架高度约为 8 m，从锅炉零米开始搭设，单架板。王某某率先爬至脚手架顶部搭有架板的平台，将工具放置在架板上。此时王某某依旧没有将安全带的钩环牢固地挂在系留点上，而是缠绕在身上，从防护栏上翻身而入。但平台上有一层浮冰，王某某脚下一滑，重心不稳，从架板上"倒栽葱"掉落下来。坠落至地面时头部率先着地，且掉落在零米上的冰柱上。李某某赶紧从脚手架爬下，欲救助王某某。但王某某已七窍流血，血肉模糊。因现场过于惨烈，李某某不敢对王某某施加救助，只能联系平山县 120 急救中心，并向其本公司上级及甲方汇报。后王某某被送至平山县急救中心经抢救无效，被宣告死亡。经多方协调，保险公司向其家属支付丧葬补助金、一次性伤亡补助金、供养亲属抚恤金等共计 68 万元。

2.原因分析

（1）施工人员未按规定使用安全带。

（2）天气寒冷，脚手架上的浮冰未及时清除，致使王某某站立不稳，从脚手架上坠落。

3.处理方法或经过

无。

4.考核情况

无。

5.技术措施或方案

（1）外包队伍入厂时，进行完善的安全培训、安全交底，检查所有人员体检报告，认真审核相关资质，全部符合要求后才可开具开工许可证进入现场。

（2）冬天天气寒冷时要及时清除浮冰等不安全因素，夏天雨后施工时要注意地面湿滑，安全作业。

（3）向我公司各部门、外包队伍强调安全带的正确使用方法，各级安全员要严查现场安全带的使用情况，对发现未正确使用安全带的人员按规定予以考核，绝不姑息。

（4）要求所有外包队伍必须为所有进入我公司的施工人员办理保险。

（5）严格执行公司的事故上报制度。

6.其他相关资料

无。

7.附件

无。

3.2 火情

06 #1锅炉1C原煤仓着火事件

1. 事件经过

2006年2月20日15时，#1锅炉1C原煤仓铺设衬板完工，锅炉车间磨煤班王某某验收合格后，由外来施工队（山东宁津县聚泰化朔有限公司）进行原煤仓入料口封口焊接，于当日19时完工，施工队派人检查未见遗留火种，即离开工作现场。2006年2月21日0时40分，运行人员发现着火，由运行人员和公司消防队员将火扑灭。

2. 原因分析

直接原因：原煤仓封口焊接时焊渣落在衬板缝隙内经过长时间燃烧直至着火。

根本原因：因为焊渣落在原煤仓双曲线缩口处，此部位从32m原煤斗往下看或从给煤机往上看均是盲区，所派人员检查并未发现遗留的火种。

3. 处理方法或经过

要求山东宁津县聚泰化朔有限公司负责赔偿该事件的经济损失，罚该公司500元。责成锅炉车间上报经济损失，于本月25日前交生产技术部，由生产技术部在合同款中扣除。

4. 考核情况

考核锅炉车间磨煤班。

5. 技术措施或方案

（1）原煤仓入料口封口焊接应在白天的上午进行。

（2）原煤仓入料口封口焊接完工后从32m原煤斗下煤口处向下喷水冷却煤斗浇灭遗留的火种。

（3）运行人员提高巡检频率和质量，及时发现现场的不安全因素。

（4）各单位认真组织学习此次事件，吸取教训，把#1机组大修回装阶段的安全工作做好，对《作业安全措施票》中的安全措施逐条逐字重新学习。针对目前所有外包工程和我们自己所从事的检修工作，各作业小组检查一遍安全措施，完善补充一下《作业安全措施票》中的安全措施，使之达到切实可行的目的，起到保证人员安全、设备完好的作用。

6.其他相关资料

无。

7.附件

无。

07 #5锅炉着火事件

1.事件经过

2007年11月27日22时11分，运行人员发现#5锅炉炉前有黑烟，检查发现电梯5、6层中间，从右向左数第5、6号油枪中间有明火，联系锅炉检修人员前往现场灭火。锅炉车间值班带班人员接到电话后安排锅炉车间全体值班人员赶往现场灭火，并打电话联系厂消防人员，通知综合班全体人员回厂灭火。第一批灭火人员赶到现场时火势已扩大至电梯5、6、7层，#5锅炉前炉墙和风箱上都有明火。灭火人员接两根消防带，用消防水冲灭火苗。1小时后火势得到控制，凌晨两点明火全部消除。因为现场已无火苗，所以留下综合班数人坚守现场，防止死灰复燃，其余人员返回车间休整并随时待命。90 min后第二次火警发出，综合班留守人员迅速用消防水冲灭。由于此次火情发现及时且处置得当，设备并未损坏。

2.原因分析

此次时间的主要原因：首先是工作人员对现场危险源辨识不够精准全面，没有正确估计出拉杆倾倒的问题，也没有采取正确的防范措施。其次是相关人员在危险发生时没有遵循"先保人员，后保设备"的安全原则，没有及时逃离危险现场，使得危害可能进一步扩大。

3.处理方法或经过

无。

4. 考核情况

无。

5. 技术措施或方案

（1）施工前做好危险源辨识，合理安排检修工序和节奏，切莫因贪图省事和方便而造成不安全事件的发生。

（2）危险发生后要遵循"先保人员，后保设备"的原则，保障各员工的人身安全。

（3）组织各员工学习急救方法，使其能够在第一时间对受伤人员进行简单的包扎、止血等操作，防止伤害进一步扩大。

（4）组织其他班组举一反三，全面排查检修时的安全隐患。

6. 其他相关资料

无。

7. 附件

无。

3.3 停机事件

08 #4 锅炉主蒸汽管道泄漏事件

1. 事件经过

2001 年 8 月 3 日 8 时 45 分，发电部运行值班人员发现，#4 锅炉主蒸汽管道位于标高 38 m 的皮带间化学采样管与管座（主汽管道）接触部位处有泄漏，地面上有大面积被吹成絮状的保温棉，随即向中调申请电网低谷时停炉消缺。停炉后检修人员拆开主汽管道外保温发现此处没有焊缝，开裂部位位于炉右侧化学采样管。爆口长约 3 mm，宽约 0.9 mm，边缘处管壁呈弯曲形状。

表3-1 设备规格材质表

序号	名　　称	规格 /mm	材质	备注
1	主蒸汽管道	ϕ 397.5 × 62.23	ASTMA335 P22	

2. 原因分析

此处阀门经常手动开关，开裂部位在阀门动作时会受到较大力的作用，且此处化学采样管管壁厚仅 3 mm，受力极易变形弯曲。因此分析此处泄漏的主要原因是化学采样管选材不良。在高强度、高频次的外力作用下，主蒸汽管道开裂部位应力集中，最后疲劳损伤开裂。

3. 处理方法或经过

锅炉停运放水，具备消缺条件后，开始处理泄漏缺陷，将化学采样管割除，更换，消除泄漏。该焊口经射线检验合格后，机组于 3 日 17 时 8 分并网。

4. 考核情况

考核锅炉车间。

5. 技术措施或方案

（1）停炉检修期间，对 #1～#4 锅炉所有同类型的化学采样管焊缝和管壁的受力状况进行全面检查、探伤。将疲劳管更换，提前消除隐患。

（2）择机将全部化学采样管更换为材质更加优良、管壁更厚的优质管材，提高管道的抗疲劳性。

6. 其他相关资料

无。

7. 附件

无。

09　#1 锅炉水冷壁泄漏事件

1. 事件经过

2002 年 4 月 20 日 15 时 55 分，发电部运行人员巡检发现 #1 锅炉水冷壁泄漏，经申请，中调批准后，16 时 26 分停炉消缺。检修人员进入炉膛后，检查发现，右墙水冷壁管从后向前数第 48 根、标高 23 m 处爆裂，爆口长 150 mm、宽 11 mm，泄漏的流体将相邻的第 47 根管吹漏，检查其他管段，发现第 38、50、54、56 根管段均有表面裂纹或鼓包。

表3-2　设备规格材质表

序号	名　　称	规格 /mm	材质	备注
1	水冷壁管	$\phi 60 \times 8$	20 G	

2. 原因分析

停炉后经检验发现，在 #1 锅炉水冷壁管的裂纹附近发现大量晶间裂纹。轴心晶间裂纹的出现破坏了钢的连续性，且使断面收缩率和延伸率显著降低，而强度变化不大，因此它是一种不允许存在的缺陷。此外，用手提式半定量仪测出相应管的含铝量高，其他指标合格。因此，#1 锅炉水冷壁泄漏的主要原因是管材存在质量问题。

3. 处理方法或经过

锅炉停运，具备消缺条件后，开始处理泄漏缺陷。将 #1 锅炉右墙水冷壁管从后向前数第 38、47、48、50、54、56 根水冷壁管更换为 $\phi 60\ mm \times 8\ mm$、

20 G 内螺纹锅炉钢管。共计更换水冷壁管 6 根。所有焊口经射线检验合格后，机组于 4 月 23 日 19 时 38 分并网。

4.考核情况

考核锅炉车间。

5.技术措施或方案

（1）下次停炉检修期间寻找优质管材，将水冷壁渗铝管全部更换。

（2）严格执行巡回检查制度，早日发现泄漏点，减少长时间带漏运行对管的冲刷影响。

（3）加强防磨防爆检查力度，检修期间对其他机组相同位置的水冷壁管和鳍片进行全面检查、探伤，对开裂和磨损超标的管进行更换，提前消除隐患。

6.其他相关资料

无。

7.附件

无。

10 #3 锅炉屏式过热器泄漏事件

1.事件经过

2002 年 4 月 27 日 15 时 24 分，运行人员发现 #3 锅炉屏式过热器处有异音，判断此处存在泄漏点，向中调申请停炉检修。停炉后检修人员检查发现屏式过热器后屏从左向右数第 3 屏、从后向前数第 2 个弯头爆裂，爆口及附近有大量丛生裂纹，爆口处焊口两侧材质为 12 Cr1 MoV 和 TP304 H，爆口位于 12 Cr1 MoV 一侧。切割下来的管道内壁有大量的氧化皮。

表3-3　设备规格材质表

序号	名　称	规格 /mm	材质	备注
1	屏式过热器管	$\phi 51 \times 7$	12 Cr1 MoV	
2	屏式过热器管	$\phi 51 \times 8$	TP304 H	

2.原因分析

此前在 #3 锅炉屏式过热器的相同位置发生过泄漏。此处焊口为异种钢焊口，异种钢在相同温度下的高温强度相差较大，因此对焊接工艺的要求极其严格。另外，切割爆口管后发现 12 Cr1 MoV 侧管内壁氧化皮很厚，由此断定为管壁温度长时间过热导致爆管。

3. 处理方法或经过

锅炉停运，具备消缺条件后，开始处理泄漏缺陷。将 #3 锅炉屏式过热器后屏从左向右数第 3 屏、从后向前数第 2 根管更换。更换长度为 2 m。焊口经射线检验合格后，机组于 2002 年 5 月 3 日 18 时并网。

4. 考核情况

考核锅炉车间。

5. 技术措施或方案

（1）与发电运行部协调好，尽量避免频繁的、大幅度的负荷升降，严格控制好机组运行参数，全力避免管壁超温。

（2）加强对施工质量的监督检查，严格执行焊接工艺的相关要求，提高异种钢焊口的焊接质量。

（3）检修期间对屏式过热器的管道和焊口进行全面检查、探伤、测厚，重点对异种钢焊口进行全面彻底的排查，更换有缺陷的管，提前消除隐患。

6. 其他相关资料

无。

7. 附件

无。

11 #4 锅炉高温再热器泄漏事件

1. 事件经过

2002 年 12 月 25 日 3 时 24 分，运行人员发现 #4 锅炉高温再热器泄漏，经中调批准后，25 日 10 时 10 分停机检修。检修人员进入炉内检查发现，高温再热器从左向右数第 25 排、从后向前数第 1 根管上部承重管卡炉后侧纵焊缝开裂泄漏，将第 24 排第 1、2、3、4 根，第 25 排第 2、3、4 根，第 26 排第 1、2、3 根管吹漏。

表3-4　设备规格材质表

序号	名　　称	规格 /mm	材质	备注
1	高温再热器出口管	$\phi 60 \times 5$	12 Cr2 MoWVTiB	改造前
2	高温再热器出口管	$\phi 60 \times 4.5$	SA213-T91	改造后

2. 原因分析

#4锅炉高温再热器发生泄漏的主要原因是承重管卡位置设计不合理，当管排受热向下膨胀时管卡与之膨胀量不同，彼此之间产生相对位移，内应力产生。管卡焊缝存在原始焊接缺陷，长时间运行后不堪重负，管卡脱落。当管卡掉落时会从管壁上拽下一定量的母材，在管表面留下凹坑，最终导致泄漏。

3. 处理方法或经过

锅炉停运，具备消缺条件后，开始处理泄漏缺陷，将高温再热器从左向右数第24排、从后向前数第1、2、3、4根，第25排第1、2、3、4根，第26排第1、2、3根管更换，共计更换11根再热器出口管，每根的更换长度为1.5 m。在全部焊口经射线检验合格后，机组于2002年12月28日8时39分并网。

4. 考核情况

考核北京巴布科克·威尔科克斯有限公司锅炉厂。

5. 技术措施或方案

（1）焊接工艺不过关。下次大修将高温再热器管排更换为不锈钢管。

（2）重新设计管卡的位置，严格按照焊接工艺卡进行焊接和验收工作。

（3）加强防磨防爆检查力度，检修期间对高温再热器管道和焊口进行全面检查、探伤，对开裂和磨损超标的管进行更换，提前消除隐患。

6. 其他相关资料

无。

7. 附件

无。

12　#3 锅炉水冷壁泄漏事件

1. 事件经过

2003年3月7日12时27分，运行巡检人员发现 #3 锅炉炉膛上部有异常响声，经检查判断为水冷壁泄漏。经中调批准，16 时 26 分停炉。检修人员进入炉膛后检查发现，右墙水冷壁管存在泄漏点，其位置为上层喷燃器向上 1 m、炉前向炉后数第 65 根管，泄漏的蒸汽将相邻的第 66、67、68 根管管壁吹损减薄。泄漏管有多处裂纹，建厂初期曾对管表面进行大面积喷涂，但此处高温腐蚀比较轻微，之后的检修没有重新喷涂过，所以仍为原始涂层。

表3-5　设备规格材质表

序号	名　　称	规格 /mm	材质	备注
1	水冷壁管	$\phi 60 \times 8$	20 G	

2. 原因分析

水冷壁的喷涂层和水冷壁管的膨胀系数不同，当温度变化相同时管的膨胀体积会大于涂层的膨胀体积，造成涂层表面开裂，反复的拉扯将裂纹进一步扩大并最终延伸到水冷壁管壁母材，造成水冷壁泄漏。

3. 处理方法或经过

锅炉停运，具备消缺条件后，开始处理水冷壁泄漏缺陷。将 #3 锅炉右墙水冷壁管炉前向炉后数第 65、66、67、68 根更换为 $\phi 60$ mm × 8 mm、20 G 内螺纹锅炉钢管。共计更换水冷壁管 4 根，每根的更换长度为 3 m。所有焊口经射线检验合格后，机组于 3 月 12 日 16 时 38 分并网。

4. 考核情况

考核锅炉车间。

5. 技术措施或方案

（1）下次停炉检修期间在其他锅炉的相同位置检查管表面原始涂层的磨损状况，重点检查涂层表面有裂纹的管的磨损，对裂纹有扩大趋势且可能伤及母材的管予以更换。

（2）严格执行巡回检查制度，早日发现泄漏点，减少长时间带漏运行对管的冲刷影响。

（3）加强防磨防爆检查力度，检修期间对其他机组相同位置的水冷壁管和鳍片进行全面检查、探伤，对开裂和磨损超标的管进行更换，提前消除隐患。

6. 其他相关资料

无。

7. 附件

无。

13 #2锅炉一级过热器泄漏事件

1. 事件经过

2002年2月22日11时37分，运行巡检人员发现#2锅炉一级过热器位置有异音，经检查判断为过热器泄漏。经中调批准，16时26分停炉消缺。检修人员进入炉膛尾部竖井烟道后发现，一级过热器水平入口管组从左向右数第25排、从后向前数第6根管泄漏，泄漏点为原始安装焊口，肉眼可见其缺陷。泄漏出的高温蒸汽将第25排第4、5根，第24排第7根，第26排第5、6根和第27排第5根管子吹损减薄。

表3-6　设备规格材质表

序号	名　　称	规格 /mm	材质	备注
1	一级过热器入口管	$\phi 51 \times 6$	20 G	

2. 原因分析

在发生泄漏的一级过热器入口管组焊缝上肉眼可见其焊接缺陷，属于原始安装缺陷。管长时间处于高温、高压的运行状态下将缺陷进一步扩大直至泄漏。

3. 处理方法或经过

锅炉停运，具备消缺条件后，开始处理泄漏缺陷。将#2锅炉一级过热器水平入口管组从左向右数第25排、从后向前数第4、5、6根，第24排第7根管子和26排第5、6根和第27排第5根管全部更换，共计更换一级过热器管7根，每根更换长度为3 m。所有焊口经射线检验合格后，机组于2月27日19时15分并网。

4. 考核情况

考核锅炉车间。

5. 技术措施或方案

（1）下次停炉检修期间在其他锅炉的相同位置检查同一类型的焊口，重点检查施工时难以对口、焊接的管，对有明显缺陷的管予以更换。

（2）严格执行巡回检查制度，早日发现泄漏点，减少长时间带漏运行对管的冲刷影响。

6. 其他相关资料

无。

7. 附件

无。

14　#1 锅炉高压导气疏水管泄漏事件

#1 锅炉为北京巴布科克·威尔科克斯有限公司生产的亚临界参数、一次中间再热、单汽包、自然循环、半露天、单炉膛、π 型布置、平衡通风、固态排渣煤粉炉，锅炉型号是 B&WB–1025/18.3–M。疏水系统，是为锅炉在停运时，锅炉内部产生的凝结水能及时放掉而设置的。有时，在某种状态下，疏水系统也作为放水系统使用，以达到保护锅炉设备及泄放内部压力的目的。锅炉过热器和再热器及其他设备均装置了疏水系统。疏水点一般都设在集箱的低处，以便泄放顺利。每个管路中，都装设了两道截止阀来控制。所有疏水管路，最后汇集至定排扩容器。

1. 事件经过

2004 年 8 月 26 日 12 时 27 分，运行巡检人员发现 #1 锅炉 #4 高压导气管疏水弯头处有泄漏声，现场可见明显水迹，判断导气管有漏点。经中调批准，17 时 26 分停炉消缺。停炉后检修人员就地检查发现，#1 锅炉 #4 高压导气管疏水弯头泄漏。

表3-7　设备规格材质表

序号	名　　称	规格 /mm	材质	备注
1	导气管疏水弯头	$\phi 48 \times 7$	12 Cr1 MoV	

2. 原因分析

由流体力学可知，流体在改变流向时会在管道弯头处形成一个巨大的冲击力，加上高压导气疏水含有较大比例的水分，对弯头的水蚀冲刷更加明显，日积月累的冲刷使得管壁的厚度减薄。现场观察后发现，弯头安装时在其内部形成较大应力，当管壁厚度难以满足标准后，弯头撕裂，造成泄漏。

3. 处理方法或经过

锅炉停运，具备消缺条件后，开始处理泄漏缺陷。将 #1 锅炉 #4 高压导气管疏水弯头更换。调整安装位置，消除安装应力。焊口经射线检验合格后，机组于 3 月 12 日 16 时 38 分并网，恢复运行。

4. 考核情况

考核锅炉车间。

5. 技术措施或方案

（1）下次停炉检修期间，检查各疏水管道弯头的磨损情况，检查、探伤各弯头焊缝，用测厚仪测出实际厚度，对厚度不达标或者磨损严重的弯头予以更换。

（2）严格执行巡回检查制度，及时发现泄漏点，增强安全防范意识，避免因炉外管道泄漏对员工造成人身伤害。

6. 其他相关资料

无。

7. 附件

无。

15 #4 锅炉高温再热器泄漏事件

1. 事件经过

2004 年 10 月 23 日 18 时 14 分，运行值班人员发现 #4 锅炉高温再热器泄漏，经中调批准，机组于 23 时 16 分解列临修。检修人员进入炉膛内检查发现，高温再热器出口管组从右向左数第 25 排、从前向后数第 1、2 根管上部承重管卡焊口泄漏，承重管卡掉落。泄漏蒸汽将第 3 根管吹损减薄，又将第 26 根水冷壁拉稀管和高温再热器出口管组第 26 排第 1、2 根管冲刷减薄。

表3-8　设备规格材质表

序号	名　称	规格 /mm	材质	备注
1	高温再热器出口管	$\phi 60 \times 4.5$	12 Cr2 MoWVTiB	改造前
2	水冷壁拉稀管	$\phi 60 \times 9$	20 G	

2. 原因分析

#4 锅炉高温再热器出口管材质 12 Cr2 MoWVTiB 焊接性能差，厂家焊缝开裂已发生多次，属于厂家选材不当、焊接不良的原因。此外，高温再热器出口管组的承重管卡设计不当，热态时高温再热器出口管组的向下膨胀量与承重管卡的膨胀量相差较大，出口管组膨胀受阻，应力形成并传递到安装焊口，造成泄漏。

3. 处理方法或经过

锅炉停运，具备消缺条件后，开始处理泄漏缺陷。更换高温再热器出口管组从右向左数第 25 排、从前向后数第 1、2、3 根管子，第 26 排第 1、2 根管和第 26 根水冷壁拉稀管，每根更换长度为 2 m。将阻挡高温再热器出口管组膨胀的管卡割下重新安装。所有焊口经射线检验合格后，机组于 2004 年 11 月 1 日 18 时 14 分并网。

4. 考核情况

考核北京巴布科克·威尔科克斯有限公司锅炉厂。

5. 技术措施或方案

厂家焊缝开裂已发生多次，今后该锅炉运行中仍有可能发生同类原因的事故，应加强制造厂家金属试验及施工监督工作。检修时加强 #4 锅炉金属监督管理工作。锅炉高温再热器出口管组的承重管卡设计不规范，容易撕裂管外壁，留下爆管隐患，可研究改变承重管卡的位置和安装方式。

现在的预防措施：本次泄漏点属于原始安装异种钢焊接缺陷，在今后承压管道焊接过程中，严格执行焊接工艺卡规范，防止产生各类焊接缺陷，留下爆管隐患。

6. 其他相关资料

无。

7. 附件

无。

16　#3 锅炉水冷壁爆管事件

1. 事件经过

2005 年 1 月 26 日 10 时 15 分，发电部值班人员发现炉膛负压升高，汽包水位下降，巡检人员反馈炉膛内有泄漏声，经中调批准，于14时15分机组打闸停炉。锅炉停运后，检修人员进入炉膛检查发现，#3锅炉炉前水冷壁喷燃器上3中心线向右数第8根管泄漏水流吹漏相邻的第9、10根管。检查水冷壁管表面可发现大面积的涂层脱落现象，未脱落的涂层表面可见明显的裂纹，部分裂纹已延展至管表面。脱落涂层的管表面有肉眼可见的棱角，测量管壁厚度已减薄30%以上，检查其相邻管，发现第6、7、11根管减薄超标。切割水冷壁管后检查发现水冷壁管内部氧化现象严重，有大量的氧化皮。

表3-9　设备规格材质表

序号	名　　称	规格 /mm	材质	备注
1	水冷壁管	$\phi 60 \times 8$	20 G	

2. 原因分析

水冷器喷然器所处位置是整个炉膛内部温度最高的区域，属于高温腐蚀区，为保护管其表面喷有涂层，涂层与管的膨胀系数不同且融合层未达到理想状态，长时间运行后涂层脱落。切割后发现水冷壁管内部有大量氧化皮，由此可知此管长期处于超温状态。故此次水冷壁泄漏的主要原因是涂层脱落和长时间超温。

3. 处理方法或经过

锅炉停运，具备消缺条件后，开始处理泄漏缺陷。将#3锅炉炉前水冷壁喷燃器上3中心线向右数第6、7、8、9、10、11根管更换。共计更换水冷壁管6根，每根更换长度为3 m。所有焊口经射线检验合格后，机组于3月3日19时32分并网。

4. 考核情况

考核锅炉车间。

5. 技术措施或方案

下次检修时全面、彻底检查水冷壁的涂层。完善巡回检查制度，及时发现泄漏点。加强防磨防爆检查力度，检修期间对水冷壁管和鳍片进行全面检查、探伤，对开裂和磨损超标的管进行更换，提前消除隐患。

6. 其他相关资料

无。

7. 附件

无。

17 #3 锅炉包墙过热器泄漏事件

1. 事件经过

2005年2月2日9时12分，运行巡检人员发现水平烟道处有泄漏声，判断锅炉内管道有泄漏。经中调批准，11时26分停炉消缺。锅炉停运后，进入炉膛检查发现，#3锅炉包墙过热器隔墙管左数第2根有泄漏点，其位置在距离高温再热器340 mm、顶棚向下4 m处。泄漏点附近鳍片焊缝沿着熔合线开裂，横向裂纹产生，裂缝进一步延展到管上。割下的受损管内壁无明显的氧化现象。由于发现及时且停炉反应时间较快，本次泄漏事件未对其他管造成吹损。

表3-10 设备规格材质表

序号	名　　称	规格 /mm	材质	备注
1	水平烟道包墙管	$\phi 42 \times 5$	15 CrMoG	

2. 原因分析

造成本次包墙过热器泄漏事故的主要原因是鳍片焊接缺陷，存在未焊透结构。泄漏点位于包墙过热器的边沿区域，此处易形成烟气走廊，高风速、大流量的烟气会极大加快包墙过热器管磨损速度。加上多频次受热膨胀、冷却收缩将缺陷进一步扩大，横向裂纹一步步延展到管上，管壁母材受损，泄漏点产生。

3. 处理方法或经过

锅炉停运，具备消缺条件后，开始处理泄漏缺陷。将 #3 锅炉包墙过热器隔墙管左数第2根更换，更换长度为2 m。将该管周围有横向裂纹的鳍片割下重新焊接。所有焊缝经射线检验合格后，机组于2月8日并网。

4. 考核情况

考核锅炉车间。

5. 技术措施或方案

（1）本次泄漏点属于原始安装焊接缺陷，锅炉包墙管安装时未发现，在今后承压管道焊接过程中，严格执行焊接工艺卡规范，防止产生各类焊接缺陷，留下爆管隐患。

（2）加强防磨防爆检查力度，检修期间对包墙过热器管和鳍片进行全面检查、探伤，对开裂和磨损超标的管进行更换，提前消除隐患。

6.其他相关资料

无。

7.附件

无。

18   #4锅炉包墙过热器泄漏事件

1.事件经过

2005年2月20日19时32分，发电部巡检人员发现锅炉炉左水平烟道处有泄漏声，判断锅炉水平烟道内管道有泄漏。经中调批准，21日23时44分机组停运。锅炉停运后，检修人员进入炉膛检查发现，#4锅炉炉左包墙过热器隔墙管从后向前数第6根有泄漏点，泄漏的蒸汽将炉左包墙过热器第7、8根管吹出棱台，管壁磨损超标。泄漏点在距离高温再热器310 mm、顶棚向下3.5 m处。泄漏点附近鳍片焊缝沿着熔合线开裂，横向裂纹产生，裂缝进一步延展到管上。割下的受损管内壁无明显的氧化现象。

表3-11　设备规格材质表

序号	名　　称	规格/mm	材质	备注
1	水平烟道包墙管	$\phi 42 \times 5$	15 CrMoG	

2.原因分析

其他锅炉的炉左包墙过热器已发生多次泄漏事故。造成包墙过热器泄漏事故的主要原因是鳍片焊接缺陷。由于该泄漏点的焊接施工难度较高，存在较多的未焊透结构。包墙过热器与高温再热器之间易挂焦堵塞形成烟气走廊，高风速、大流量的烟气会极大加快包墙过热器管磨损速度。加上多频次受热膨胀、冷却收缩容易在熔合线处产生交变应力，横向裂纹一步步延展到管上，管壁母材受损，泄漏点产生。

3.处理方法或经过

锅炉停运，具备消缺条件后，开始处理泄漏缺陷。将#4锅炉炉左包墙过热器从后向前数第6、7、8根管更换，每根更换长度为2 m。将炉左包墙过热器上有横向裂纹的鳍片割下重新焊接，打上止裂孔。所有焊缝经射线检验合格后，机组于 2 月 27 日并网。

4. 考核情况

考核锅炉车间。

5. 技术措施或方案

（1）本次泄漏点属于原始安装焊接缺陷，锅炉包墙管安装时未发现，在今后承压管道焊接过程中，严格执行焊接工艺卡规范，防止产生各类焊接缺陷，留下爆管隐患。

（2）加强防磨防爆检查力度，检修期间对包墙过热器管和鳍片进行全面检查、探伤，对开裂和磨损超标的管进行更换，提前消除隐患。

6. 其他相关资料

无。

7. 附件

无。

19 #4 锅炉低温再热器泄漏事件

1. 事件经过

2005 年 4 月 29 日 11 时 37 分，发电部巡检人员发现 #4 锅炉尾部竖井烟道处有蒸汽泄漏的声音，检修人员判断为低温再热器泄漏。经中调批准，于 17 时 9 分停机。锅炉停运后，检修人员进入炉膛检查发现，低温再热器从下向上数第 3 层水平管组从左向右数第 31 排、从后向前数第 1 根管吹灰器区域有泄漏点，管子表面的防护板被泄漏蒸汽吹脱落、遗失。由于发现及时，此次泄漏未对低温省煤器其他管组造成冲刷。

表3-12　设备规格材质表

序号	名　称	规格 /mm	材质	备注
1	低温再热器过渡管	$\phi 60 \times 4.5$	15 CrMo	

2. 原因分析

吹灰器吹灰时，将低温省煤器水平直管所缚防护板吹掉。吹灰器的气源来自屏式过热器，工质为不饱和蒸汽。吹灰器与低温过热器水平段距离过近且长时间、高频次、高能量的流体冲刷致使管壁变薄直至泄漏。

3. 处理方法或经过

锅炉停运，具备消缺条件后，开始处理泄漏缺陷现。将低温再热器从下向上数第 3 层水平管组从左向右数第 31 排、从后向前数第 1 根管更换，并重新加装防护板，更换长度为 2 m。焊口经射线检验合格后，机组于 5 月 9 日 17 时 6 分并网。

4. 考核情况

考核锅炉车间。

5. 技术措施或方案

（1）合理调整吹灰器的运行方式。

（2）发现泄漏后应尽量缩短坚持运行时间，减少损失。

现在的预防措施：

（1）停炉期间检查所有低温再热器易磨损区域管道防护板安装情况，对磨损变形、丢失的防护板切割、重新焊接。

（2）检修期间对低温再热器水平管组的管道和焊口进行全面检查、探伤、测厚，对开裂和磨损超标的管进行更换，提前消除隐患。

6. 其他相关资料

无。

7. 附件

无。

20　#3 锅炉水冷壁泄漏事件

1. 事件经过

2005 年 5 月 2 日 10 时 17 分，发电部巡检人员发现 #3 锅炉炉膛内部有异常响声，汽包水位下降明显，经检修人员检查判断为水冷壁泄漏。经中调批准，14 时 36 分机组停运。锅炉停运后，检修人员进入炉膛检查发现，后墙水冷壁存在泄漏点，水冷壁后墙上 2 喷燃器中心从右向左数第 4 根管泄漏，将第 3 根管吹损。该处水冷壁整体变形严重，呈波浪状。第 3、4、5 根水冷壁管之间的鳍片上有多处横向裂纹。局部较大裂纹延展至管表面，泄漏点有条肉眼可见的横向裂纹，已伤及母材。

表3-13　设备规格材质表

序号	名　称	规格 /mm	材质	备注
1	水冷壁管	$\phi 60 \times 8$	20 G	

2. 原因分析

由现场鳍片的裂纹走向可知，造成本次泄漏事故的主要原因是管与鳍片之间的焊缝有焊接缺陷，且该处水冷壁存在膨胀受阻的问题。当水冷壁膨胀受阻时会在受阻处产生应力并传递到焊缝处形成裂纹。长时间运行后裂纹逐步延展到管表面，导致泄漏。

3. 处理方法或经过

锅炉停运，具备消缺条件后，开始处理泄漏缺陷。将水冷壁后墙上 2 喷燃器中心从右向左数第 3、4 根管更换为 $\phi 60\ mm \times 8\ mm$、20 G 内螺纹锅炉钢管。共计更换水冷壁管 2 根，每根更换长度为 3 m。所有焊口经射线检验合格后，机组于 5 月 11 日 6 时 38 分并网。

4. 考核情况

考核锅炉车间。

5. 技术措施或方案

（1）下次停炉检修期间在其他锅炉的相同位置检查锅炉膨胀受阻的原因，在保证锅炉安全和密封性不变的前提下将阻碍锅炉膨胀的钢构切割。

（2）严格执行巡回检查制度，早日发现泄漏点，减少长时间带漏运行对管的冲刷影响。

（3）加强防磨防爆检查力度，检修期间对其他机组相同位置的水冷壁管和鳍片进行全面检查、探伤，对开裂和磨损超标的管进行更换，对鳍片上有延展到管趋势的裂纹进行处理，提前消除隐患。

6. 其他相关资料

无。

7. 附件

无。

21　#4 锅炉高温再热器泄漏事件

1. 事件经过

2005 年 7 月 18 日 4 时 33 分，发电部巡检人员发现 #4 锅炉水平烟道处有泄漏声，经检修人员检查现场确认为高温再热器泄漏，经中调批准，10 时 10 分机组停运，转入检修。检修人员进入炉膛内检查发现，高温再热器入口段从左向右数第 2 排、从后向前数第 3 根管上部承重管卡处纵焊缝开裂泄漏，泄漏出的再热蒸汽将第 2 排第 4 根管表面吹出棱台，就地实测第 4 根管减薄超过 30%。承重管卡从管上剥离但未掉落。

表3-14　设备规格材质表

序号	名　称	规格 /mm	材质	备注
1	高温再热器入口管	$\phi 60 \times 5$	12 Cr2 MoWVTiB	改造前
2	高温再热器入口管	$\phi 60 \times 4.5$	SA213–T91	改造后

2. 原因分析

#3、#4 号锅炉高温再热器的相同部位此前已发生过多起类似事故。#4 锅炉高温再热器发生泄漏的主要原因是承重管卡位置设计不合理，当管排受热向下膨胀时管卡与之膨胀量不同，彼此之间产生相对位移，内应力产生。管卡焊缝存在原始焊接缺陷，承重管卡处应力集中，长时间运行后不堪重负，管卡脱落。当管卡掉落时会从管壁上拽下一定量的母材，在管表面留下凹坑，致使管壁减薄，最终造成高温再热器泄漏。

3. 处理方法或经过

锅炉停运，具备消缺条件后，开始处理泄漏缺陷，将高温再热器入口段从左向右数第 2 排、从后向前数第 3、4 根管更换，共计更换 2 根再热器入口管，每根更换长度为 1.5 m。在全部焊口经射线检验合格后，机组于 7 月 25 日 9 时 29 分并网。

4. 考核情况

考核北京巴布科克·威尔科克斯有限公司锅炉厂。

5. 技术措施或方案

（1）加强巡回检查制度，及时发现泄漏点，缩短泄漏的高温、高压蒸汽对其他管冲刷、磨损的时间。

（2）重新设计管卡的位置，严格按照焊接工艺卡进行焊接和验收工作。

（3）加强防磨防爆检查力度，检修期间对高温再热器管道和焊口进行全面检查、探伤，对开裂和磨损超标的管进行更换，提前消除隐患。

6. 其他相关资料

无。

7. 附件

无。

22 #1 锅炉高温再热器泄漏事件

1. 事件经过

2005 年 7 月 20 日 21 时 18 分，发电部巡检人员发现 #1 锅炉水平烟道处有泄漏声，经检修人员现场确认，最终判断为高温再热器泄漏，经中调批准后，21 日 5 时 8 分停机，机组转入检修。检修人员进入炉膛内检查发现，高温再热器入口管组从左向右数第 3 排、从后向前数第 1 根管泄漏，第 2 排第 1 根管表面有凹坑，用测厚仪测出管壁减薄约 2 mm。管表面的保护板并未脱落，泄漏点在防护板的端部，此处形成一个小面积的凹坑。

表3-15　设备规格材质表

序号	名　称	规格 /mm	材质	备注
1	高温再热器入口管	$\phi 60 \times 5$	12 Cr2 MoWVTiB	改造前
2	高温再热器入口管	$\phi 60 \times 4.5$	SA213–T91	改造后

2. 原因分析

与其他锅炉高温再热器泄漏的原因不同，此次高温再热器发生泄漏的主要原因是防护板过短，无法将吹灰器吹扫到的部位全部覆盖。当吹灰器吹出的气体吹到管时，会在防护板的边缘形成一个能量较高的涡流，加快对管的磨损速度。

3. 处理方法或经过

锅炉停运，具备消缺条件后，开始处理泄漏缺陷，将高温再热器从左向右数第 3 排、从后向前数第 1 根管和第 2 排第 1 根管更换，共计更换 2 根再热器入口管，每根更换长度为 1.5 m。在全部焊口经射线检验合格后，机组于 7 月 25 日 9 时 29 分并网。

4.考核情况

考核锅炉车间。

5.技术措施或方案

（1）加强巡回检查制度，及时发现泄漏点，缩短泄漏的高温、高压蒸汽对其他管冲刷、磨损的时间。

（2）合理延长防护板的长度，使防护板可以全面有效地覆盖住吹灰器吹扫区域。

（3）加强防磨防爆检查力度，检修期间对高温再热器管道和焊口进行全面检查、探伤，对有凹坑和磨损超标的管进行更换，提前消除隐患。

6.其他相关资料

无。

7.附件

无。

23 #2锅炉汽包水位高MFT事件

1.事件经过

2005年9月1日前夜，运行人员因高加停运，将#2锅炉水位自动调整装置退出运行，后夜接班时#2发电机组带151 MW负荷，水位调节为手动调节状态。1时，运行人员赵某某投入#2锅炉水位自调,1时10分，水位自调不稳，偏差大，运行人员切除水位自调，改为手动调整，调整过程中锅炉水位波动大造成水位高保护动作停炉。2时58分#2发电机组并网。

2.原因分析

（1）运行人员对高加停运后水位调节特性认识不足，对水位自调产生的滞后性没有充分认识，在没有充分了解前夜班退出水位自动调节装置原因的情况下，就凭感觉投入水位自调。

（2）运行人员未做好特殊工况下运行事故预想。

3.处理方法或经过

经调度同意，#2锅炉重新点火启动。

4.考核情况

此次事件构成一类障碍，统计在发电部，比照甲类一类障碍考核。

5. 技术措施或方案

相关人员利用学习班的机会学习汽包水位特性和水位调节方法。

6. 其他相关资料

无。

7. 附件

无。

24　#4 锅炉水冷壁泄漏事件

1. 事件经过

2006 年 2 月 1 日 14 时 23 分，发电部值班人员发现炉膛负压升高，汽包水位下降，反馈炉膛内有泄漏声，经检修人员现场检查，确认为水冷壁泄漏，经中调批准，于 23 时 25 分机组打闸停机。锅炉停运后，检修人员进入炉膛后检查发现 #4 锅炉前水冷壁下层从左到右数第 2 个喷燃器从左到右数第 3 根水冷壁管（设备规格材质如表 3-16 所示）泄漏，并将相邻的第 4、5 根水冷壁管吹漏，第 6、7、8 根水冷壁管表面出现明显棱台，管壁减薄均超过 2.5 mm。原始泄漏点的水冷壁管上发现大量晶间裂纹，切割下来的水冷壁管内部氧化现象不明显。

表3-16　设备规格材质表

序号	名　　称	规格 /mm	材质	备注
1	水冷壁管	$\phi 60 \times 8$	20 G	

2. 原因分析

经检验，在裂纹附近发现大量的呈蜘蛛网样的晶间裂纹，晶间裂纹的出现破坏了钢的连续性，且使断面收缩率和延伸率显著降低，而强度变化不大。手提式半定量仪测定管的含铝量高，其他指标合格。综上所述，造成本次泄漏事件的主要原因是水冷壁管存在质量问题。

3. 处理方法或经过

锅炉停运，具备消缺条件后，开始处理泄漏缺陷。将 #4 锅炉前水冷壁下层从左到右数第 2 个喷燃器从左向右数第 3、4、5、6、7、8 根水冷壁管更换。共计更换水冷壁管 6 根，每根更换长度为 3 m。所有焊口经射线检验合格后，机组于 2 月 11 日 17 时 22 分并网。

4. 考核情况

考核锅炉车间。

5. 技术措施或方案

下次检修更换全部水冷壁渗铝管。完善巡回检查制度，及时发现泄漏点。加强防磨防爆检查力度，检修期间对水冷壁管和鳍片进行全面检查、探伤，对开裂和磨损超标的管进行更换，提前消除隐患。

6. 其他相关资料

无。

7. 附件

无。

25 #4 锅炉高温再热器泄漏事件

1. 事件经过

2006 年 2 月 14 日 6 时 20 分，发电部巡检人员发现 #4 锅炉高温再热器左侧有蒸汽泄漏声，经申请中调批准，机组于 22 时 18 分解列停机。锅炉停运后，巡检人员进入炉膛后检查发现高温再热器入口管从左向右数第 22 排、由前向后数第 4 根管有爆口，爆口长度约为 15 mm 长，3 mm 宽，爆口边缘的管壁已严重减薄。从爆口泄漏出的高温、高压蒸汽将第 22 排前向后数第 7、8、9 根管子和第 21 排的第 3、4、5、6、7 根管子和第 23 排的第 4、5、6 管子全部被吹损减薄，第 22 排的第 5、6 根管子被吹损泄漏。切割下来的高温再热器管子内部有严重的氧化脱落现象。

表3-17 设备规格材质表

序号	名　称	规格 /mm	材质	备注
1	高温再热器出口管	$\phi 60 \times 4.5$	12 Cr2 MoWVTiB	改造前
2	高温再热器出口管	$\phi 60 \times 4.5$	SA213-T91	改造后

2. 原因分析

由于切割下来的高温再热器出口管内壁有大量的氧化皮，爆口附近没有发现横向裂纹，结合运行数据可知，此次爆管的原因主要是高温再热器短时间超温运行。由于爆管发生后机组又运行了一段时间，导致问题加剧。

3. 处理方法或经过

锅炉停运，具备消缺条件后，工作人员开始处理泄漏缺陷。将第 22 排从前向后数第 4、5、6、7、8、9 根管子和第 21 排的第 3、4、5、6、7 根管子和第 23 排的第 4、5、6 管子全部更换。共计更换 16 根管子，每根管子的更换长度为 1.5 m。所有焊口经射线检验合格后，机组于 2002 年 2 月 25 日 17 时 32 分并网。

4. 考核情况

考核北京巴布科克·威尔科克斯有限公司锅炉厂。

5. 技术措施或方案

（1）运行值班人员密切关注高温再热器管子的运行温度和压力，严防管子长时间处于超温状态运行，延长管子的使用寿命。

（2）发现泄漏后应尽量缩短坚持运行时间，减少损失，结合下次机组检修进行高再管屏改造。

（3）清理高温再热器出口管上的结焦，改善高温再热器的传热效果，避免管子局部超温。

6. 其他相关资料

无。

7. 附件

无。

26 #1 锅炉高温再热器泄漏事件

1. 事件经过

2006 年 2 月 14 日 7 时 26 分，发电部巡检人员发现 #1 锅炉高温再热器左侧有蒸汽泄漏声，经申请批准，机组于 21 时 19 分解列停炉。锅炉停运后，巡检人员进入炉膛检查发现高温再热器出口管组从左向右数第 30 排、从前向后数第 1 根管子爆管，爆口呈喇叭口形状，破口粗钝弯曲，并将第 29 排第 1、2、3、5、6、9 跟管子和第 30 排第 3、4、8 根管子吹薄，将第 30 排的第 2 根管子吹漏。切割下来的高温再热器出口管内有大量的氧化皮。

表3-18　设备规格材质表

序号	名　称	规格/mm	材质	备注
1	高温再热器出口管	$\phi 60 \times 4.5$	12 Cr2 MoWVTiB	改造前
2	高温再热器出口管	$\phi 60 \times 4.5$	SA213-T91	改造后

2. 原因分析

由于切割下来的高温再热器出口管内壁有大量的氧化皮，且脱落的氧化皮几乎将管子堵死。爆口呈喇叭口形状，破口粗钝弯曲。由于发生爆管的是高温再热器的出口管，此处工质的能量较高，发生爆管后机组又运行了一段时间，导致其他管子也出现类似问题。

3. 处理方法或经过

锅炉停运，具备消缺条件后，开始处理泄漏问题。将第29排第1、2、3、5、6、9根管子吹薄，将第30排第1、2、3、4、8根管子全部更换。共计更换11根管子，每根的更换长度为2 m。所有焊口经射线检验合格，机组于2002年4月25日16时17分并网。

4. 考核情况

考核锅炉车间。

5. 技术措施或方案

（1）密切关注管子的运行温度和压力，严防管子长时间处于超温状态运行，降低管子的氧化速率，延长管子的使用寿命。

（2）发现泄漏后应尽量缩短坚持运行时间，减少损失。

（3）清理高温再热器表面上的结焦，改善其传热效果，避免管子局部超温。

（4）强化防磨防爆措施，利用下次机组检修切割此次爆管对称位置的管子，检查其内部氧化情况。对氧化现象比较严重的，有可能造成管子堵塞的高温再热器出口管予以更换。

6. 其他相关资料

无。

7. 附件

无。

27 #3 锅炉低温再热器泄漏事件

1. 事件经过

2006 年 6 月 8 日 14 时 20 分，发电部巡检人员发现 #3 锅炉高温再热器左侧有蒸汽泄漏声，经申请批准，机组于 21 时 28 分解列停炉。停炉后经过巡检人员检查，发现低温再热器过渡管组从右向左数第 2 排、从后向前数第 1 根管子最下层的弯头泄漏，管子表面的防护板被吹掉、遗失，并将第 2 排从后向前数第 2、3 根管子和第 3 排从后向前数第 1、2、4 根管子吹损减薄。

表3-19 设备规格材质表

序号	名　　称	规格 /mm	材质	备注
1	低温再热器过渡管	$\phi 60 \times 5$	20 G	

2. 原因分析

工作人员进行现场检查时发现泄漏点的防磨板遗失，管子表面直接爆漏在吹灰器的吹扫之中。吹灰器的汽源来自屏式过热器，从吹灰器喷口中喷出的蒸汽内部含有水分。低温再热器过渡管组使用的钢材是 $\phi 60$ mm × 5 mm，20G，钢材材质规格较低，吹灰器高速射出的不饱和蒸汽极易对低温再热器形成汽蚀。经过长时间的运行后，管子被吹损减薄。

3. 处理方法或经过

锅炉停运，具备消缺条件后，工作人员开始处理泄漏问题。将低温再热器过渡管第 2 排从后向前数第 1、2、3 根管子和第 3 排从后向前数第 1、2、4 根管子全部更换，共更换再热器管子 6 根，每根的更换长度为 2 m。所有焊口经射线检验合格，机组于 2006 年 6 月 15 日 10 时 55 分并网。

4. 考核情况

考核锅炉车间。

5. 技术措施或方案

（1）检查低温再热器过渡管组吹灰器区域防磨罩的安装情况，处理安装状态不佳或者即将掉落的防磨罩。

（2）发现泄漏后应尽量缩短坚持运行时间，减少损失。

（3）利用下次检修，改进防磨罩的安装方式和安装位置。扩大防磨罩的防护面积，安装防磨罩的上下绑带时全部满焊。

6. 其他相关资料

无。

7. 附件

无。

28 #3锅炉水冷壁泄漏临修

1. 事件经过

2006年9月5日11时14分，发电部巡检人员发现 #3锅炉炉膛内部有异常响声，汽包水位下降明显，经检修人员检查判断为水冷壁泄漏。经中调批准，14时36分停炉消缺。检修人员进入炉膛检查后，发现后墙水冷壁存在泄漏点，喷燃器区后墙水冷壁和水冷壁管沿鳍片有纵向开裂裂纹，此处裂纹原先曾带压堵漏，失效后又再次开裂。水冷壁后墙上3喷燃器中心从右向左数第5根泄漏，第7根被吹损。该处水冷壁整体变形严重，呈波浪状。第4、5、6、7根水冷壁之间的鳍片上有多处横向裂纹。局部较大裂纹扩展至管子表面，泄漏点处有条肉眼可见的横向裂纹，已伤及母材。

表3-20　设备规格材质表

序号	名　　称	规格 /mm	材质	备注
1	水冷壁管	$\phi 60 \times 8$	20 G	

2. 原因分析

将热态下膨胀指示器的数值与设计值对比，结合现场 #3锅炉后墙水冷壁呈波浪形的变形情况可知，造成本次泄漏的主要原因是水冷壁膨胀受阻。炉墙膨胀受阻在鳍片中产生巨大的应力，最终将鳍片拉裂，由此产生的不规则裂纹逐步扩大至管子母材上，导致泄漏。

3. 处理方法或经过

锅炉停运，具备消缺条件后，开始处理泄漏缺陷。将后墙上3喷燃器中心从右向左数第4、5、6、7根水冷壁管更换。共计更换水冷壁管4根，每根水冷壁管的更换长度为3 m。检查变形严重区域的鳍片焊接情况，对产生横向裂纹的鳍片割下重换。对鳍片竖裂纹比较严重但未向管子上扩展的裂纹打上止裂孔。所有焊口经射线检验合格后，机组于9月18日7时58分并网。

4. 考核情况

考核锅炉车间。

5. 技术措施或方案

（1）全面布置锅炉膨胀指示器，将损坏的膨胀指示器重新修缮。利用下次停炉检修期间在其他锅炉的相同位置检查锅炉膨胀受阻的情况，在保证锅炉安全和密封性不变的前提下将阻碍锅炉膨胀的钢构切割掉。

（2）严格执行巡回检查制度，早日发现泄漏点，减少长时间带漏运行对管子的冲刷影响。

（3）加强防磨防爆检查力度，利用检修期间对其他机组相同位置的水冷壁管子和鳍片进行全面检查、探伤，对有开裂和磨损超标的管子进行更换，对鳍片上有扩展到管子趋势的裂纹进行处理，提前消除隐患。

6. 其他相关资料

无。

7. 附件

无。

29 #3 锅炉水冷壁泄漏事件

1. 事件经过

2006 年 10 月 8 日 21 时 11 分，运行巡检人员发现 #3 锅炉炉膛内部有异常响声，汽包水位下降明显，经检查判断为水冷壁泄漏。经中调批准，22 日 9 时 18 分停炉消缺。工作人员入炉检查后发现，后墙上层喷燃器从左向右数第 2 个喷燃器炉左第 1 个弯头处开裂并将相邻的第 2 根水冷壁管被吹漏，第 3、4 根水冷壁管被吹薄。后墙喷燃器区域水冷壁的存在状态呈波浪状，水冷壁整体变形情况严重。

表3-21 设备规格材质表

序号	名 称	规格 /mm	材质	备注
1	水冷壁管	$\phi 60 \times 8$	20 G	

2. 原因分析

将热态下膨胀指示器的数值与设计值对比，结合现场 #3 锅炉后墙水冷壁呈波浪形的变形情况可知，造成本次泄漏的主要原因是水冷壁膨胀受阻。炉墙膨胀受阻在鳍片中产生巨大的应力，墙体在巨大的应力作用下将鳍片拉裂，由此产生的不规则裂纹逐步扩大至管子母材上，导致泄漏。

3. 处理方法或经过

锅炉停运，具备消缺条件后，工作人员开始处理泄漏缺陷。更换后墙上层喷燃器从左向右数第2个喷燃器炉左第1个弯头和第2、3、4根水冷壁管。共计更换水冷壁管4根，弯头的更换长度为2 m，其余管子的更换长度为1.5 m。所有焊口经射线检验合格后，机组于10月21日11时28分并网。

4. 考核情况

考核锅炉车间。

5. 技术措施或方案

（1）全面布置锅炉膨胀指示器，将损坏的膨胀指示器重新修缮，标记膨胀指示器在冷态与热态下的位置，将锅炉各个位置的实际膨胀量与设计膨胀量进行对比，找出膨胀受阻的具体位置。利用下次停炉检修期间在其他锅炉的相同位置检查锅炉膨胀受阻的原因，在保证锅炉安全和密封性不变的前提下将阻碍锅炉膨胀的钢构切割掉。

（2）严格执行巡回检查制度，早日发现泄漏点，减少长时间带漏运行对管子的冲刷影响。

（3）加强防磨防爆检查力度，利用检修期间对其他机组相同位置的水冷壁管子和鳍片进行全面检查、探伤，对有开裂和磨损超标的管子进行更换，对鳍片上有扩展到管子趋势的裂纹进行处理，提前消除隐患。

6. 其他相关资料

无。

7. 附件

无。

30 #5 锅炉后水冷壁前屏进口集箱泄漏事件

1. 事件经过

2007年7月14日15时43分，运行值班人员发现 #5 锅炉水平烟道下方保温内有泄漏声，经检修人员检查后确认此处有泄漏点，申请中调停机后，于19时55分机组打闸停机。锅炉停运后，拆开炉墙外保温检查后发现，#5 锅炉后水冷壁前屏下集箱疏水管座角焊缝泄漏。管道冷却后发现沿着管子与集箱的角焊缝的焊接线上有着明显裂纹，金相做磁粉探伤后将其定性为未焊透结构。集箱疏水管"V"型弯变形。

表3-22　设备规格材质表

序号	名　　称	规格 /mm	材质	备注
1	水冷壁管	$\phi 32 \times 8$	15 CrMoG	
2	后水冷壁前屏进口集箱	$\phi 245 \times 45$	12 Cr1 MoVG	

2. 原因分析

由于设计缺陷，#5 锅炉后水冷壁前屏下集箱为一整根 $\phi 245$ mm × 45 mm 的管道，实际受热膨胀量远超设计值。在运行中连接管对集箱施加外力，疏水管"V"型弯过短，且一道门位置固定不能充分释放运行中的交变应力，加上焊口原来的未熔合缺陷，最后导致泄漏。

3. 处理方法或经过

锅炉停运，具备消缺条件后，工作人员开始处理泄漏问题。将 #5 锅炉后水冷壁前屏下集箱的角焊缝进行打磨，消除所有裂纹后补焊，并进行焊后热处理。延长疏水管"V"型弯的长度，重新安装一道门。所有焊口经射线检验合格后，机组于 2007 年 7 月 20 日 17 时 22 分并网。

4. 考核情况

考核锅炉车间。

5. 技术措施或方案

（1）利用下次停炉检修，检查 #5、#6 号锅炉各个长集箱角焊缝的焊接情况，对未焊透结构重新进行打磨、焊接。

（2）严格按照焊接工艺卡等相关规范进行焊接和热处理。

（3）利用下次 #5 锅炉大修，将 #5 锅炉后水冷壁前屏下集箱分割为左、右两个集箱，缩短单个集箱的膨胀长度。

6. 其他相关资料

无。

7. 附件

无。

31 #5 锅炉垂直水冷壁泄漏事件

1. 事件经过

2007 年 9 月 11 日 9 时 10 分，值班人员发现 #5 锅炉 12 层炉前水冷壁处有泄漏声，经申请批准，机组于 12 时 28 分解列停运。锅炉停运后，工作人员进入炉膛检查后发现，12 层炉前水冷壁从右向左数第 14、15、16、24、25、26、28、31 根泄漏。该区域水冷壁管表面呈波浪状态，变形严重。各鳍片表面有较多横向裂纹，鳍片与水冷壁管的焊缝有开裂现象。切割下来的水冷壁管子内部氧化脱落现象不明显。

表3-23 设备规格材质表

序号	名　　称	规格 /mm	材质	备注
1	垂直水冷壁管	$\phi\,32 \times 8$	15 CrMoG	

2. 原因分析

#5 锅炉水冷壁管安装位置偏离管子垂直中心，管子在热态时的膨胀方向由一维向下变成多维。水冷壁管在运行中膨胀受阻，应力产生。鳍片与水冷壁连接处的焊缝属于薄弱区域，当应力大于焊缝的强度时裂缝产生并进一步扩展到管子上，管子被拉裂，属于应力损坏。

3. 处理方法或经过

锅炉停运，具备消缺条件后，开始处理泄漏缺陷。将 #5 锅炉 12 层炉前水冷壁从右向左数第 14、15、16、24、25、26、28、31 根管子全部更换。共计更换 8 根管子，每根管子的更换长度为 3 m。检查更换该区域内有裂纹的鳍片，所有焊口经射线检验合格，机组于 2007 年 9 月 15 日 12 时 36 分并网。

4. 考核情况

考核北京巴布科克·威尔科克斯有限公司锅炉厂。

5. 技术措施或方案

（1）提高验收标准，提高施工质量，减少因安装问题遗留下的爆管隐患。

（2）加强防磨防爆检查力度，利用检修期间对其他机组相同位置的水冷壁管和鳍片进行全面检查、探伤，对有开裂和磨损超标的管子进行更换，对鳍片上有扩展到管子趋势的裂纹进行处理，提前消除隐患。

（3）全面布置锅炉膨胀指示器，将损坏的膨胀指示器修好。利用下次停炉检修期间在其他锅炉的相同位置检查锅炉膨胀受阻的原因，在保证锅炉安全和密封性不变的前提下将阻碍锅炉膨胀的钢构切割掉。

6. 其他相关资料
无。

7. 附件
无。

32 #1锅炉低温再热器泄漏事件

1. 事件经过

2007年11月8日12时20分，发电部巡检人员发现#1锅炉低温再热器有蒸汽泄漏声，经申请批准，机组于19时38分解列停运。锅炉停运后，工作人员进入炉膛检查后发现，低温再热器水平管组第1层吹灰器区域从左向右数第1排、从后向前数第4根管子，第2排第3根和第3排第3根管子均发生泄漏。相邻的左侧包墙过热器从后向前数第4根管子，水冷壁悬吊管从左向右数第5、6根管子也因吹灰器蒸汽吹扫均发生泄漏。

表3-24 设备规格材质表

序号	名　称	规格/mm	材质	备注
1	低温再热器水平管	$\phi 60 \times 5$	20 G	
2	包墙过热器	$\phi 42 \times 5$	15 CrMo	
3	水冷壁悬吊管	$\phi 60 \times 9$	15 CrMo	

2. 原因分析

工作人员现场检查后发现，虽然第1列管子的防磨罩未曾遗失，但由于管子的排列已变得参差不齐，使得未曾加装防护罩的管子直接暴露在吹灰器的吹扫范围之中。本次发生泄漏的管子为低温再热器水平管组的第1排管子，属于边缘管。边缘处由于流通面积变小，烟气流速加快，长时间的运行后管子被吹损减薄。

3. 处理方法或经过

锅炉停运，具备消缺条件后，开始处理泄漏问题。将低温再热器水平管组第1层吹灰器区域从左向右数第1排、从后向前数第4根管子、第2排第3

根，第 3 排第 3 根管子和左侧包墙过热器从后向前数第 4 根管子，水冷壁悬吊管从左向右数第 5、6 根管子全部更换，共更换再热器管子 3 根，包墙过热器管子 1 根，水冷壁悬吊管 2 根。每根管子的更换长度为 1.5 m。所有焊口经射线检验合格后，机组于 2007 年 11 月 18 日 10 时 55 分并网。

4. 考核情况

考核锅炉车间。

5. 技术措施或方案

（1）检查低温再热器过渡管组吹灰器区域防磨罩的安装情况，处理安装状态不佳或者即将掉落的防磨罩。检查各管排的排列情况，对变形严重的管排加装管卡。

（2）发现泄漏后应尽量缩短坚持运行时间，减少损失。

（3）清理各边缘管表面的焦块，避免结焦形成烟气走廊和局部过热。

6. 其他相关资料

无。

7. 附件

无。

33 #5 锅炉低温再热器泄漏事件

1. 事件经过

2008 年 3 月 12 日 13 时 22 分，值班人员发现 #5 锅炉尾部烟道竖井内低温再热器一侧有泄漏声，经申请中调批准，于 15 时 45 分机组打闸停机。锅炉停运后，工作人员进入炉膛停检查后发现，#5 锅炉低温再热器水平管组第 1 层吹灰器区域从左向右数第 2 排、从后向前数第 21 根管子泄漏，泄漏点周围有明显的凹坑。同排的第 25 根管子表面被吹出棱台，使用测厚仪可知该管子厚度减少了 2 mm。切割下来的第 21、25 根管子内部无明显氧化脱落现象，低温再热器水平管组的部分管子左、右排列相互交错，参差不齐。

表3-25 设备规格材质表

序号	名 称	规格 /mm	材质	备注
1	低温再热器水平管组	$\phi 60 \times 4.5$	20 G	

2. 原因分析

由于并未在泄漏的管道及其周围发现裂纹，且该处的低温再热器水平管组不存在膨胀受阻问题。#5 锅炉低温再热器吹灰器区域只有第一列管子有防磨罩，从吹灰器喷口中喷出的蒸汽直接吹到没有防磨罩的管子表面，日积月累的蒸汽冲刷减薄最终造成管子泄漏。

3. 处理方法或经过

锅炉停运，具备消缺条件后，工作人员开始处理泄漏问题。将 #5 锅炉低温再热器水平管组第 1 层从左向右数第 2 排、从后向前数第 21、25 根管子更换。共计更换低温再热器管 2 根，每根管子更换长度为 1.5 m。在更换后的管子上加装防磨罩。所有焊口经射线检验合格后，机组于 2008 年 3 月 21 日 14 时 22 分并网。

4. 考核情况

考核锅炉车间。

5. 技术措施或方案

（1）加强防磨防爆检查力度，利用检修期间对低温再热器的管子进行全面检查、探伤，对有开裂和磨损超标的管子进行更换，提前消除隐患。

（2）检查各吹灰器区域防磨板的安装情况，对不是第 1 列但直接暴露在吹灰器吹扫区域中的管子加装防磨板。

6. 其他相关资料

无。

7. 附件

无。

34 #1 锅炉水冷壁泄漏事件

1. 事件经过

2008 年 3 月 21 日 13 时 24 分，发电部巡检人员发现 #1 锅炉炉膛内部有异常响声，汽包水位下降明显，检修人员检查后判断为水冷壁泄漏。经中调批准，14 时 36 分停炉消缺。工作人员进入炉膛检查后发现，前墙短杆吹灰器区域前水冷壁中部管组从左向右数第 2 根管子发生泄漏，泄漏处鳍片和管子上发现横向裂纹。发生泄漏的水冷壁管子中心与垂直线有偏差。切割下来的水冷壁管道内部未出现大面积的氧化脱落现象。由于发现及时，本次泄漏并未对其他相邻管组造成重大不利影响。

表3-26　设备规格材质表

序号	名　称	规格 /mm	材质	备注
1	水冷壁管	$\phi 60 \times 8$	20 G	

2. 原因分析

造成本次泄漏的主要原因是水冷壁膨胀不均。水冷壁管在安装时与垂直线有偏差，这会造成水冷壁管的膨胀方向与设计值有偏差，且水冷壁管的绝对膨胀量小于鳍片的绝对膨胀量。当水冷壁与鳍片之间产生相对位移时会在焊肉中产生巨大的应力，最终将焊缝拉裂，由此产生的不规则裂纹逐步扩大至管子母材上，导致水冷壁管子泄漏。

3. 处理方法或经过

锅炉停运，具备消缺条件后，工作人员开始处理泄漏问题。将前墙短杆吹灰器区域前水冷壁中部管组从左向右数第2根管子更换。共计更换水冷壁管1根，更换长度为3 m。检查变形严重区域的鳍片焊接情况，将产生横向裂纹的鳍片割下重换。对鳍片上比较严重但未向管子上扩展的裂纹打上止裂孔。所有焊口经射线检验合格后，机组于3月27日6时18分并网。

4. 考核情况

考核锅炉车间。

5. 技术措施或方案

（1）检查 #1 锅炉及其他锅炉相同位置水冷壁的安装情况，密切关注管子与垂直线不平行管子的膨胀情况。

（2）严格执行巡回检查制度，早日发现泄漏点，减少长时间带漏运行对的冲刷影响。

（3）加强防磨防爆检查力度，利用检修期间对其他机组相同位置的水冷壁管子和鳍片进行全面检查、探伤，对有开裂和磨损超标的管子进行更换，对鳍片上有扩展到管子趋势的裂纹进行处理，提前消除隐患。

6. 其他相关资料

无。

7. 附件

无。

35 #2锅炉炉膛压力高MFT事件

1. 事件经过

2008年5月31日7时50分，#2机组负荷210 MW，主汽压13.4 MPa，主汽温539 ℃，再热汽温537 ℃。前下、前中、后下、后中、后上给粉机运行，A、C两台制粉系统运行，炉膛燃烧良好，工况稳定，机组CCS投入，运行正常。

7时50分41秒，炉膛压力突然变正，模拟量指示最大至+1686 Pa。7时50分42秒，炉膛压力高开关动作，3 s后锅炉MFT动作，首出原因"炉膛压力高"。机组停机动作正确。

工作人员就地检查发现炉底水封有水溢出，后放灰时发现灰渣量较大。热工查炉膛压力测点指示正常，判断为锅炉掉焦灭火，经调度同意，机组重新启动。

8时15分，炉膛吹扫完成，#2炉点火。10时50分，#2机并网。

2. 原因分析

由于来煤煤种较杂，配煤不均匀，运行中锅炉受热面有结焦现象，在锅炉热负荷变化过程中焦块脱落进入冷灰斗，造成炉膛压力高，启动锅炉MFT。

3. 处理方法或经过

无。

4. 考核情况

此事件构成一类障碍一次，统计在发电部。

5. 技术措施或方案

（1）加强来煤管理，提高来煤质量，使入炉煤接近设计煤种。

（2）加强受热面吹灰力度，减少受热面积灰。

（3）做好事故预想，提高事故处理能力。

6. 其他相关资料

无。

7. 附件

无。

36　#2 锅炉二级过热器泄漏事件

1. 事件经过

2008 年 9 月 20 日 13 时，值班人员发现 #2 锅炉炉膛顶部折焰角处有泄漏声，检修人员判断二级过热器处有泄漏。经申请中调批准，机组于 20 日 17 时 3 分解列临修。进入炉内检查发现二级过热器入口管组从左向右数第 10 排、从前向后数第 2 根，在距下弯头 4 m 处有爆口。该爆口边缘粗钝，管两侧无明显涨粗，爆口内壁有纵向细纹，爆口长约 7 mm，宽约 2 mm，破口处管壁厚度减薄不多，管子外表面有一层较厚的氧化层，厚度约为 0.5 mm。泄漏出的过热蒸汽将第 10 排第 3 根、第 11 排第 2 根管子吹漏，将第 10 排第 4、5、6 根管子和第 11 排第 3、4 根管子吹薄。

表3-27　设备规格材质表

序号	名　　称	规格 /mm	材质	备注
1	过热器入口管	$\phi 51 \times 8.5$	12 Cr2 MoWVTiB	改造前
2	过热器入口管	$\phi 51 \times 8.5$	12 Cr1 MoV	改造前
3	过热器入口管	$\phi 51 \times 8.5$	SA213-T91	改造后

2. 原因分析

将切割下来的管子送入金相检测，在光学金相显微镜下观察其微观组织可发现，珠光体已全部分散，球化级别大于 5 级，碳化物颗粒粗大，晶界有蠕变孔洞。由爆口的宏观形貌、几何尺寸、微观金相试验以及运行相关数据可知，造成爆管管子表面开裂的主要原因是长期过热。

3. 处理方法或经过

锅炉停运，具备消缺条件后，开始处理泄漏缺陷。将二级过热器入口管组从左向右数第 10 排、从前向后数第 2、3、4、5、6 根管子和第 11 排第 2、3、4 根管子全部更换，共更换 8 根管子，每根二级过热器入口管子的更换长度为 1.5 m。所有焊口经射线检验合格后，机组于 9 月 29 日 4 时 42 分并网成功。

4. 考核情况

考核锅炉车间。

5. 技术措施或方案

（1）做好燃烧调整工作，保持合适的炉膛火焰中心，调整好锅炉燃烧的配风和火焰中心温度，找出合理的运行方式。避免过热器长期处于超温状态。

（2）加强防磨防爆工作，检查管子表面是否有裂纹，管子胀粗是否超过允许值。对不合格的管子予以更换，及时消除隐患。

（3）检查高温区管子氧化皮的厚度，当氧化皮厚度超标时及时更换。

6. 其他相关资料

无。

7. 附件

无。

37 #6 锅炉水平烟道包墙过热器泄漏事件

1. 事件经过

2008 年 10 月 14 日 5 时 55 分，运行值班人员发现 #6 锅炉水平烟道处有泄漏声，判断此处有泄漏点，经申请中调批准，于 9 时 25 分机组打闸停炉。停炉后拆开保温发现，#6 锅炉水平烟道炉左包墙过热器发生泄漏，泄漏位置为左侧水平烟道低联箱从后向前数第 1 根管子，泄漏处位于水平烟道下方、低联箱上方。鳍片与管子的焊缝处有裂纹，裂纹方向与管子平行。该管子周围的鳍片均有变形，但由于发现及时，其他鳍片上的焊缝裂纹并未扩展到管子上。

表3-28 设备规格材质表

序号	名　称	规格 /mm	材质	备注
1	水平烟道侧包墙	$\phi 32 \times 7$	15 CrMoG	

2. 原因分析

由于设计缺陷，#6 锅炉水平烟道包墙过热器在前后方向上存在膨胀受阻问题。当包墙过热膨胀受阻时，应力产生。鳍片使用的钢材为 20 G，强度和厚度均小于水平烟道侧包墙过热器，因此裂纹会先在鳍片上产生，之后无规则扩展，最终延伸到管子上，造成泄漏。

3. 处理方法或经过

锅炉停运，具备消缺条件后，开始处理泄漏问题。在 #6 锅炉左水平烟道前墙下集箱从后向前数第 1 根管子破口处更换 300 mm 长短节，并将所有相同位置的鳍片向上割开 50 mm 左右，以消除应力。所有焊口经检验合格后，机组于 2008 年 10 月 21 日 11 时 32 分并网。

4. 考核情况

考核锅炉车间。

5. 技术措施或方案

（1）利用下次停炉检修，检查 #5、#6 锅炉各水平烟道前墙下集箱鳍片内部的应力情况，对应力较大的鳍片割开合适的长度以消除应力。

（2）严格按照焊接工艺卡等相关规范进行焊接和热处理。

（3）检查完善 #6 锅炉水平烟道的膨胀指示器，标记好热态与冷态的差值，找出锅炉膨胀受阻点并进行处理。

6. 其他相关资料

无。

7. 附件

无。

38　#2 锅炉一级过热器泄漏事件

1. 事件经过

2009 年 1 月 15 日 13 时 25 分，发电部巡检人员发现 #2 锅炉一级过热器位置有异音，经检修人员检查判断为过热器泄漏。经中调批准，18 时 47 分机组停运。工作人员进入炉膛检查后发现，一级过热器水平入口管组第 2 层从左向右数第 37、38、39 排管子泄漏，具体位置为第 37 排从下向上数第 1、2 根，第 38 排从下向上数第 1、2、3、4、5 根，第 39 排从下向上数第 1、2 根。泄漏点为第 37 排从下向上数第 1 根管的安装焊口，焊肉上有肉眼可见的焊接缺陷。

表3-29　设备规格材质表

序号	名　称	规格 /mm	材质	备注
1	一级过热器入口管	$\phi 51 \times 6$	20 G	

2. 原因分析

锅炉过热器属于受压元件，其管子内工质的温度和压力都特别高，工作工况较差，对焊口质量要求极其严格。在发生泄漏的一级过热器水平入口管组焊缝上有未焊透结构，属于原始安装缺陷。管子长时间处于高温、高压的运行状态下将缺陷进一步扩大直至泄漏。由于第 37 排从下向上数第 1 根管子的安装焊口发生泄漏后机组继续运行的时间较长，泄漏出的高温、高压蒸汽将相邻的管子管壁冲刷减薄，缺陷进一步扩大。

3. 处理方法或经过

锅炉停运，具备消缺条件后，工作人员开始处理泄漏缺陷。将 #2 锅炉一级过热器水平入口管组第 2 层从左向右数第 37、38、39 排泄漏的管子更换，具体更换位置为第 37 排从下向上数第 1、2 根，第 38 排从下向上数第 1、2、3、4、5 根，第 39 排从下向上数第 1、2 根。每根过热器更换的管子长度约为 1 m，共计更换 8 根过热器管子。所有焊口经射线检验合格后，机组启动并网。

4. 考核情况

考核锅炉车间。

5. 技术措施或方案

（1）下次停炉检修期间在其他锅炉的相同位置检查同一类型的焊口，重点检查施工时难以对口、焊接的管子，对有明显缺陷的管子予以更换。

（2）严格执行巡回检查制度，早日发现泄漏点，减少长时间带漏运行对管子的冲刷影响。

（3）严格按照焊接工艺卡施工，提高施工标准，严把质量关。

6. 其他相关资料

无。

7. 附件

无。

39　#6 锅炉右侧一级减温器管道泄漏事件

1. 事件经过

2009 年 6 月 9 日 16 时 33 分，发电部巡检人员发现 #6 锅炉一级喷水减温器喷头处有泄漏声，经申请中调批准，于 6 月 10 日 18 时 45 分机组打闸停炉。

锅炉停运后工作人员检查发现，#6锅炉炉后一级喷水减温器上喷头处有周向裂纹，对减温器其他部位进行检查，发现管道内壁有多处裂纹，多集中在管道上部。

表3-30 设备规格材质表

序号	名　称	规格/mm	材质	备注
1	一级减温器管道	ϕ508×75	12 Cr1 MoVG	

2.原因分析

减温水与减温器的主要换热形式为对流换热。在减温器喷头处减温水的流动受到很大的扰动，流体的热边界层几乎消失，局部放热系数远远大于流体平稳后的放热系数，减温器喷口处的受热负荷大于管道的受热负荷，由于受热不均造成膨胀不均，在喷头的角焊缝处形成较大应力，产生周向裂纹，在冷热交变应力下逐步扩大直至泄漏。综上所述，造成一级减温器泄漏的主要原因是减温器结构、材质设计不合理。

3.处理方法或经过

锅炉停运，具备消缺条件后，工作人员开始处理泄漏问题。将有裂纹的旧喷水减温器割除，更换一个新的喷水减温器。所有焊口经射线检验合格后，机组启动并网。

4.考核情况

考核锅炉车间。

5.技术措施或方案

（1）利用下次停炉检修，检查#5、#6锅炉一、二、三级喷水减温器喷口角焊缝的焊接情况，对未焊透结构重新进行打磨、焊接。

（2）严格按照焊接工艺卡等相关规范进行焊接和热处理。

（3）避免锅炉频繁启停，控制温度变化速率，减缓交变应力对受压部位，既角焊缝的破坏作用，避免发生低周应力疲劳。

（4）研究表明，大量使用减温水会降低蒸汽的出口焓值。合理优化运行的调温方式，尽量减少减温水的使用量，降低减温器喷头的热应力。

6.其他相关资料

无。

7. 附件

无。

40 #3锅炉炉膛压力高 MFT 事件

1. 事件经过

2009 年 7 月 20 日 15 时 35 分, #3 机组负荷 275 MW, 主汽压 17.2 MPa, 五排给粉机运行, 四台制粉系统运行, 机组运行正常, 燃烧良好。

15 时 35 分 39 秒, 炉膛压力突然变正至 +1986 Pa, 锅炉 MFT 动作, 首出原因"炉膛压力高", 机组停机动作正常。炉底灰斗监视电视发现大量渣块堵塞, 启动液压关断门多次挤压渣块后, 干渣系统畅通。

16 时 10 分, #3 炉点火, 17 时 48 分, #3 机并网。

2. 原因分析

由于来煤煤种较杂, 造成入炉煤灰熔点低, 运行中锅炉受热面有结焦现象, 在锅炉热负荷变化过程中, 有大量焦块脱落, 造成炉膛压力高锅炉 MFT 动作。

3. 处理方法或经过

无。

4. 考核情况

此事件构成一类障碍一次, 统计在发电部。

5. 技术措施或方案

(1) 提高来煤质量, 合理配煤。提高入炉煤灰熔点。

(2) 加强受热面吹灰力度, 减少受热面积灰。

6. 其他相关资料

无。

7. 附件

无。

41 #1 锅炉水冷壁爆管事件

1. 事件经过

2009 年 7 月 24 日 6 时 14 分，发电部巡检人员发现炉膛负压升高，汽包水位下降，巡检人员反馈炉膛内有泄漏声，经申请中调批准，于 10 时 45 分机组打闸停机。锅炉停运后，进入炉膛检查发现，#1 锅炉前水冷壁从右向左数第 54 根水冷壁管子、#12 吹灰器处发生泄漏。泄漏管段处发现横向裂纹，与其相邻的第 55、56、57 根管子表面多处开裂。

表3-31　设备规格材质表

序号	名　称	规格 /mm	材质	备注
1	水冷壁管	$\phi 60 \times 8$	20 G	

2. 原因分析

#1 锅炉吹灰器的蒸汽来自高温再热器，经过一段较长管段运输至吹灰器喷口时已由过热蒸汽变为不饱和水，蒸汽内部含有水分。#12 号吹灰器喷出的高动量的湿蒸汽裹挟着水滴和灰直接喷到高温水冷壁的表面，不仅对水冷壁管子表面造成冲刷，使管壁减薄，而且会在水冷壁管子内部形成冷热交变应力。长期的冷热交变应力使水冷壁管开裂。

3. 处理方法或经过

锅炉停运，具备消缺条件后，工作人员开始处理泄漏问题。将 #1 锅炉前水冷壁从右向左数第 54、55、56、57 根水冷壁管子更换。共计更换水冷壁管 4 根，更换长度为 3 m。所有焊口经射线检验合格后，机组于 2009 年 7 月 31 日 19 时 46 分并网。

4. 考核情况

考核锅炉车间。

5. 技术措施或方案

（1）保持炉膛内火焰中心的位置在合理范围内，掺煤配比合理，减少水冷壁积灰，降低吹灰器的使用频率。

（2）吹灰器在吹灰前应先疏水，并将吹灰器的压力值保持在许用值的下限，减少吹灰对水冷壁管的磨损。

（3）加强防磨防爆力度，重点检查吹灰器区域等易磨损区域管子的磨损情况。对有裂纹和磨损超标的管子予以更换，及时消除隐患。

（4）制定完善的吹灰器维修制度，避免吹灰器出现卡涩现象，从而导致对同一受热面长时间吹扫，加快磨损速度。

（5）对水冷壁易磨损区域大面积喷涂具有较高防磨性能的涂料。

6. 其他相关资料

无。

7. 附件

无。

42   #1 机循环水压力升高，水室结合面漏水事件

1. 事件经过

2009 年 9 月 2 日 9 时 28 分 21 秒，#1 机组处于 ADS 遥控方式，机组负荷为 240 MW，上中层共 15 台给粉机在自动位，此时，相关参数分别为汽包压力 16.7 MPa、主汽压力 15.868 MPa、主气压设定值 16.06 MPa、汽包水位 16.3 mm。

9 时 28 分 27 秒，运行人员手动改变主气压设定值（在约 7 s 的时间内由 16.06 MPa 降低为 14.45 MPa），由于降幅过大，实际主汽压力较之下降较慢，造成主汽压测量值与给定值的偏差大于 1 MPa，导致锅炉主汽压自调切手动，相继触发切除协调、ADS 自动退出遥控方式（时间为 9 时 28 分 28 秒）。

从 9 时 28 分 21 秒至 9 时 30 分 21 秒，锅炉主控为手动状态；9 时 30 分 21 秒至 9 时 31 分 05 秒，锅炉主控为自动状态；9 时 31 分 05 秒至 9 时 32 分 03 秒，锅炉主控又由运行人员切至手动状态（此时满足自动条件）；9 时 32 分 03 秒直至机组停运（9 时 41 分 11 秒），锅炉主控一直为强制手动状态。

在 9 时 28 分 28 秒至 9 时 31 分 30 秒将近 3 min 的时间内，主汽压力下降 3.668 MPa，汽包压力下降近 2 MPa。由于汽包压力下降速度过快，对应的汽包内炉水所需饱和温度也降低，汽化作用增强，炉水内的汽泡数量大大增加，汽水混合物的体积膨胀形成虚假水位，导致汽包水位快速上升，9 时 31 分 30 秒水位与设定偏差大，水位自调切手动。

9 时 31 分 30 秒水位自调切手动，此时，锅炉主控手动逻辑已有效，该时刻至 9 时 41 分 11 秒机组 MFT 动作停机，在将近 10 min 时间内，水位、主汽压力自调一直强制手动，由运行人员调整。

2.原因分析

（1）以上经过表明，在主汽压力偏差大导致机组协调退出的初始阶段，由于运行人员手动主气压调整不当（在 42 s 内，锅炉主控输出由 72.07% 降为 31.03%），形成较大的虚假水位进而造成给水自调系统调节不及，汽包水位偏差大后自调切除。此后，主汽压力还一直呈下降趋势，最低值为 12.4 MPa，降幅过大的主气压对水位的影响给操作人员正确判断汽包水位的变化趋势造成障碍，导致在水位自调切除将近 10 min 的时间内，水位一直居高不下，最后由于水位高Ⅲ值 MFT 动作而引发机组停运。

（2）汽包水位保护管理不严谨。

3.处理方法或经过

无。

4.考核情况

（1）#1 炉停运构成一类障碍，统计在发电部。

（2）生产部要进一步加强对电气、热工、脱硫保护的管理，及时核对保护投退运行情况及合理性工作。考核 1000 元。

5.技术措施或方案

（1）运行人员加强培训学习，做好设备及系统出现故障时的事故预想，提高事故防范及处理能力。

（2）热控车间加强控制系统及设备的管理工作，进一步优化自动调节系统调节品质，提高调节系统对恶劣工况的控制能力。

（3）针对 #1 机组汽包事故放水门未设计水位高Ⅱ值联锁打开功能，生产技术部安排进行异动更改，尽快完成。

（4）国家电力公司《防止电力生产重大事故的二十五项重点要求》防止锅炉汽包满水和缺水事故 8.8.4 锅炉水位保护的停退，必须严格执行审批制度。8.8.5 汽包锅炉水位保护是锅炉启动的必备条件之一，水位保护不完整严禁启动。说明了汽包水位保护管理的重要性和严肃性。

汽包水位高Ⅱ值联开事故放水门是汽包水位保护的重要部分，运行规程规定汽包水位高Ⅱ值事故放水应联开，实际从投产到现在根本无此保护，运行认为有此保护。说明汽包水位保护管理不严谨，各级技术管理还有漏洞。建议生产部、热工和发电部共同制定机组保护投入清单供学习并备案。运行中严格执行保护投退制度，严格执行设备异动制度。

6.其他相关资料

无。

7.附件

无。

43   #5 锅炉垂直水冷壁事件

1.事件经过

2009 年 9 月 6 日 2 时 18 分，运行人员发现 #5 锅炉本体 12 层炉左有异常声响，联系锅炉本体班检修人员，经检查判断异常响声为水冷壁泄漏声音。经中调批准，机组于 9 月 8 日停炉消缺。入炉后检查发现，#5 锅炉前墙水冷壁从左向右数第 15、16、17 根水冷壁管泄漏，高度为 65 m。结合现场冲刷情况，判定第 1 泄漏点为第 15 根水冷壁。结合运行数据可知，发现泄漏前该区域管子未发生超温现象。

表3-32　设备规格材质表

序号	名　称	规格 /mm	材质	备注
1	垂直水冷壁管	$\phi 32 \times 8$	15 CrMoG	

2.原因分析

发生泄漏的位置为水平标高 65 m 处，此处较为接近水冷壁上联箱。联箱与管子在现场组装时，若对口的错口及折口超过偏差允许值，常使用手动葫芦或者千斤顶等工具对管排施加横向外力，使其弯曲变形，直至错口及折口达到允许值。但这种强力对接的管子或焊缝将沿着管子横向产生附加剪切应力或者沿着管子轴向产生附加弯曲应力。强力对口的附加应力与焊接残余应力相叠加、合成，使得该区域总的残余应力值更大，状态更加复杂。这不仅降低了管子的强度和疲劳寿命，而且增加了管子的名义应力，当管子或焊缝存在裂缝时容易发生低应力脆断。此外，观察鳍片焊接情况可知，此处鳍片焊接电流过大，造成收弧点有宏观或者微观裂纹。机组负荷变化和锅炉启停过程中受热面管子温度有较大变化，产生的冷热交变应力加速和发展了原始裂纹，直至泄漏。

3. 处理方法或经过

锅炉停运，具备消缺条件后，开始处理泄漏缺陷。将 #5 锅炉前墙水冷壁从左向右数第 15、16、17 根水冷壁管不合格部分更换。共计更换水冷壁管 3 根，更换长度为 2 m。所有焊口经射线检验合格后，消缺工作结束。

4. 考核情况

考核锅炉车间。

5. 技术措施或方案

（1）严格按照焊接工艺卡施工，改进焊接工艺，提高验收标准，严把质量关。

（2）严格执行巡回检查制度，早日发现泄漏点，减少长时间带漏运行对管子的冲刷影响。

（3）加强防磨防爆检查力度，利用检修期间对其他机组相同位置的水冷壁管子和鳍片进行全面检查、探伤，对有开裂和磨损超标的管子进行更换，提前消除隐患。

（4）避免锅炉频繁启停，控制温度变化速率，减缓交变应力的破坏作用，避免发生低周应力疲劳。

（5）加强对口前检查工作，对需要安装管道的几何形状和尺寸进行复查、校验，发现缺陷提前处理。

（6）用机械法（如磨口、锯口加装或换装短管等）消除对口间隙偏差及立体弯头偏差，避免施加轴向力及扭矩进行强力对口。

（7）对于水冷壁等整片安装的管排安装时应充分考虑到焊缝的收缩规律，选择合理的焊接顺序，使先后对口的焊口在施焊时的对口间隙基本一致，减少焊接残余应力和组件变形，减少强力对口发生的概率。

（8）对实在难以避免或者既成事实的强力对口，应当采用热处理、低温消除应力法和机械拉伸法等办法减小或者消除残余应力。

（9）根据实际情况，合理保持闷炉时间，减少金属疲劳。

6. 其他相关资料

无。

7. 附件

无。

44 #2 锅炉一级过热器泄漏事件

1. 事件经过

2009 年 11 月 6 日 15 时 14 分，发电部巡检人员发现 #2 锅炉一级过热器位置有异音，经检查判断为过热器泄漏。经中调批准，11 月 7 日 23 时 47 分停炉消缺。工作人员入炉检查后发现，一级过热器水平入口管组第 2 层从左向右数第 59、60、61、62、63 排管子靠近炉后位置有泄漏和吹损减薄情况，具体位置为第 59 排从下向上数第 1、2 根，第 60 排从下向上数第 1、2、3 根，第 61 排从下向上数第 1、2、3 根，第 62 排从下向上数第 1、2 根，第 63 排从下向上数第 1 根。原始泄漏点为第 61 排从下向上数第 2 根管子的安装焊口，焊肉上有肉眼可见的焊接缺陷。

表3-33 设备规格材质表

序号	名　称	规格/mm	材质	备注
1	一级过热器水平管	$\phi 51 \times 6$	20G	

2. 原因分析

锅炉过热器属于受压元件，其管子内工质的温度和压力都特别高，工作工况较差，对焊口质量要求极其严格。在发生泄漏的一级过热器水平入口管组焊缝上有未焊透结构，属于原始安装缺陷。管子长时间处于高温、高压的运行状态下将缺陷进一步扩大直至泄漏。由于第 61 排第 2 根管子发生泄漏后机组继续运行的时间较长，泄漏出的高温、高压蒸汽将相邻的管子管壁冲刷减薄，使缺陷进一步扩大。

3. 处理方法或经过

锅炉停运，具备消缺条件后，工作人员开始处理泄漏缺陷。将 #2 锅炉一级过热器水平管组从左向右数第 59 排从下向上数第 1、2 根，第 60 排从下向上数第 1、2、3 根，第 61 排从下向上数第 1、2、3 根，第 62 排从下向上数第 1、2 根第 63 排从下向上数第 1 根管子全部更换。共计更换一级过热器水平管子共 11 根管子，每根更换的管子长度为 1.5 m。所有焊口经射线检验合格后，机组启动并网。

4. 考核情况

考核锅炉车间。

5.技术措施或方案

（1）下次停炉检修期间在其他锅炉的相同位置检查同一类型的焊口，重点检查施工时难以对口、焊接的管子，对有明显缺陷的管子予以更换。

（2）严格执行巡回检查制度，早日发现泄漏点，减少长时间带漏运行对管子的冲刷影响。

（3）严格按照焊接工艺卡施工，提高施工标准，严把质量关。

6.其他相关资料

无。

7.附件

无。

45   #6 锅炉右侧低温再热器出口母管裂纹泄漏事件

1.事件经过

2009年11月6日运行联系检修班组，#6锅炉右侧低温再热器出口母管周围有水汽泄漏。周围10 m范围内可听见明显漏气声。工作人员判断为减温器损坏。拆开保温后发现在右侧低温再热器出口至左侧高温再热器进口管道（$\phi 762$ mm $\times 30$ mm），距再热喷水减温管座焊缝后180 mm处，管道正上部，出现一条长约110 mm的横向裂纹。向中调申请停炉抢修。

表3-34 设备规格材质表

序号	名　　称	规格 /mm	材质	备注
1	低温再热器出口母管	$\phi 762 \times 30$	12Cr1MoVG	

2.原因分析

再热蒸汽调温的主导手段是挡板调节，喷水减温器仅作为变负荷和事故情况下紧急喷水用。然而在现实情况下，运行人员主要靠减温器喷水来调节温度。减温水喷至减温器内壁套管，套管本身温度较高，在冷热交变应力下使套管出现多处裂纹。随着裂纹的发展，减温水可从套管的裂纹间隙内直接喷向减温器内壁。减温水直接喷到的内壁温度小于未喷到的区域，造成内壁温差过大，减温器管道出现疲劳裂纹。

3. 处理方法或经过

停炉具备抢修条件后，组织人员进行抢修。更换产生横向裂纹的右侧低温再热器出口母管，并在减温器内部套筒上增加一层 5 mm 厚、1500 mm 长的不锈钢套筒。检查 #6 锅炉左侧低温再热器出口母管。缺陷处理完毕后，机组启机并网，设备运行正常。

4. 考核情况

考核锅炉车间。

5. 技术措施或方案

（1）与运行部门沟通，在运行方式上尽量避免或者减少剧烈的负荷调整。

（2）将烟气挡板调节作为汽温调节的主要方式，合理减少喷水减温的调节次数。

（3）在三单元其余减温器内部套筒上增加一层 5 mm 厚、1500 mm 长的不锈钢套筒。

（4）利用下次检修，对 #5、#6 锅炉其余低温再热器出口母管至高温再热器进口管道进行检查，发现裂纹后及时消除隐患。

6. 其他相关资料

无。

7. 附件

无。

46 #5 锅炉垂直水冷壁泄漏事件

1. 事件经过

2009 年 12 月 18 日 11 时 16 分，发电部巡检人员发现 #5 锅炉前水冷壁处有泄漏声，经检修人员现场确认为水冷壁管发生泄漏，经中调批准，机组于 23 日 22 时 33 分解列停运。锅炉停运，工作人员进入炉膛检查后发现，距离顶棚约 400 mm 处炉前水冷壁从右向左数第 50、51 根管子与鳍片的焊缝撕裂，管子发生泄漏，裂纹与管子先平行后垂直。

表3-35　设备规格材质表

序号	名　　称	规格/mm	材质	备注
1	垂直水冷壁管	$\phi 32 \times 8$	15CrMoG	

2.原因分析

#5锅炉为北京巴布科克·威尔科克斯有限公司早期生产的超临界锅炉，存在膨胀受阻的设计缺陷。锅炉在热态运行时前墙水冷壁会产生向前、向下的膨胀，但由于膨胀受阻，鳍片与水冷壁产生应力，并且负荷越大应力越大。鳍片与水冷壁连接处的焊缝属于薄弱区域，负荷的升降会在焊缝内产生热交变应力。当应力大于焊缝的强度时裂缝产生并进一步扩展到管子上，管子被拉裂，属于应力损坏。

3.处理方法或经过

锅炉停运，具备消缺条件后，工作人员开始处理泄漏事故。将#5锅炉从右向左数第50、51根管子全部更换。共计更换2根管子，每根的更换长度为1.5 m。经检查后确认该区域内未有其他有裂纹的鳍片。所有焊口经射线检验合格，机组于2009年12月29日16时46分并网。

4.考核情况

考核北京巴布科克·威尔科克斯有限公司锅炉厂。

5.技术措施或方案

（1）提高验收标准，提高施工质量，减少因安装问题遗留下的爆管隐患。

（2）加强防磨防爆检查力度，利用检修期间对其他机组相同位置的水冷壁管子和鳍片进行全面检查、探伤，对有开裂和磨损超标的管子进行更换，对鳍片上有扩展到管子趋势的裂纹进行处理，提前消除隐患。

（3）严格按照焊接工艺卡施工，改进焊接工艺，严把质量关。

（4）全面布置锅炉膨胀指示器，修好损坏的膨胀指示器。利用下次停炉检修期间在其他锅炉的相同位置检查锅炉膨胀受阻的原因，在保证锅炉安全和密封性不变的前提下将阻碍锅炉膨胀的钢构切割掉。

6.其他相关资料

无。

7.附件

无。

3.4 降负荷事件

47 #2 锅炉 2A 送风机定位轴承损坏事件

1. 事件经过

2000 年 5 月 30 日 17 时 26 分，发电部运行人员发现 #2 锅炉 2A 引风机出力增加时，电流明显大于正常值并大幅度摆动，便立即联系锅炉车间风机班检修人员。检修人员现场检查时再次接到运行人员电话，#2 锅炉 2A 引风机动叶调节电机电流无变化，检查引风机液压油站油位、油压正常且油压无波动，引风机油站油位无下降痕迹。检修人员与集控室运行人员沟通后，决定与就地运行人员共同调节动叶，但执行机构主动轴动作反馈轴无变化，电机电流也无变化。由以上现象初步判断引风机液压缸弹簧片或小轴承损坏，申请停运 6A 引风机进行抢修处理。

风机停运，具备抢修条件后工作人员揭开 2A 引风机大盖。检查风机内部构造后发现，弹簧片无断裂。进一步解体液压缸控制头后发现液压缸定位轴承已经损坏。更换液压缸定位轴承后开启引风机，液压油站油泵油压正常，引风机动叶可以重新调整，与热控人员校对引风机动叶开度后恢复引风机运行。

2. 原因分析

叶轮旋转时定位轴承静止不动。当液压缸左右移动时会带动定位轴承一起移动。定位轴承长期在运行中遭受磨损，导致轴承游隙增大，轴承保持架受伤是轴承损坏的主要原因。

3. 处理方法或经过

风机停运，具备消缺条件后，工作人员开始处理泄漏缺陷。将 2A 引风机大盖揭开检查后，发现液压缸定位轴承损坏，更换定位轴承后联系热工重新校对动叶开度，恢复引风机运行。引风机启动后一切运行正常，缺陷消除。

4. 考核情况

考核锅炉车间。

5. 技术措施或方案

（1）液压缸控制头和机壳的扁钢连接牢固，避免液压缸控制头摆动。

（2）利用停炉机会定期更换液压缸定位轴承（超过半年借停炉机会更换一次）。

（3）选用合格的定位轴承，要求具备金属保持架和金属防尘罩，并保证润滑良好。

（4）提高检修装配质量，保证各部件配合间隙，减少液压缸中心找正偏差。

（5）加装在线滤油装置，对油质定期进行化验，保证清洁度。

（6）联系原厂家对一单元引风机液压缸定位轴承进行承载强度核算。

6. 其他相关资料

无。

7. 附件

无。

48　#3 锅炉 3B 送风机液压缸断销子事件

1. 事件经过

2000 年 6 月 8 日 10 时，#3 锅炉 3B 送风机电流从 59A 突降到 49A，动叶显示仍为开展状态。检修人员就地检查发现调整动叶开度时执行机构动作但反馈轴不动，判断液压缸控制头故障，申请降负荷停运 3B 送风机进入内部检查。经工作人员检查后发现，液压缸控制头主动轴对轮空心销断裂导致执行机构动作无法传递到液压缸控制头。更换空心销并重新调整动叶开度，14 时开启 3B 送风机后运行正常。

2. 原因分析

3B 送风机液压缸控制头对轮空心销断裂导致风机动叶自关，出力降低。

3. 处理方法或经过

更换空心销并重新调整动叶开度。

4. 考核情况

考核锅炉车间。

5. 技术措施或方案

加强对液压缸控制头的质量检修力度。

6. 其他相关资料

无。

7. 附件

无。

49　#3 机组风烟系统 3B 空气预热器减速箱振动大事件

1. 事件经过

2001 年 4 月 28 日，值班人员发现 #3 锅炉 3B 空气预热器减速箱振动大，就地初步检查后判断可能是减速机高速轴（型号 61208-76）或轴承（型号 30309A）损坏，申请夜间降负荷检查消缺。3B 空气预热器停运具备条件后解体减速机。经工作人员检查后发现，高速轴轴承滚珠和轴颈磨损。

2. 原因分析

（1）高速轴轴承质量不佳，长期高速旋转导致滚珠磨损。

（2）揭盖清理减速机结合面时发现导油槽局部堵塞，润滑油未能流入轴承可靠润滑是导致轴承滚珠磨损的次要原因。

（3）轴承滚珠磨损后继续运转导致轴承振动变大，高速轴轴颈磨损。

3. 处理方法或经过

3B 空气预热器停运，具备消缺条件后，盘车初步检查后发现，高速轴转动不灵活，解体减速机检查发现高速轴及轴承损坏，更换高速轴及轴承后开启减速机后运行正常，4 月 29 日缺陷消除。

4. 考核情况

考核锅炉车间本体班。

5. 技术措施或方案

机组检修中解体空气预热器减速机后高速轴轴承必须更换。

预防措施：

（1）加强日常设备检查力度，重点监测减速机高速轴箱体处的振动和声音异常现象，发现问题后及时查明原因并消除隐患。

（2）加强设备备品备件质量管理，严格执行验收制度。

（3）完善检修工艺，更换高速轴轴承必须采用加热方法安装，并控制轴承加热温度不超过 120 ℃。

（4）加强空气预热器减速机润滑油品质检测，利用停机检修时机进行颗粒度检测，发现颗粒度不合格时及时更换润滑油。

6. 其他相关资料

无。

7. 附件

无。

50　#1 锅炉 1B 吸风机漏油事件

1. 事件经过

2002 年 1 月 22 日 14 时，运行人员发现 1B 吸风机机壳处有油流出，随即联系检修人员进行检查。当晚联系有关人员降负荷，停运 1B 吸风机进行内部检查。工作人员检查后发现，液压缸控制头的高压腔结合面有油渗出，判断为高压腔 O 型圈老化破损。更换此 O 型圈后开启液压油站油泵渗漏消除。封闭各人孔门，开启 1B 吸风机后运行正常。

2. 原因分析

液压缸高压腔 O 型圈老化导致漏油。

3. 处理方法或经过

更换液压缸高压腔 O 型圈并清理漏油。

4. 考核情况

考核锅炉车间。

5. 技术措施或方案

（1）加强液压缸备件验收。

（2）加强液压缸检修质量验收。

（3）定期对液压缸进行解体检修，更换密封件。

6. 其他相关资料

无。

7. 附件

无。

51 #3 锅炉 3A 吸风机电机轴承温度高事件

1. 事件经过

2002 年 6 月 3 日 16 时，运行人员发现 3A 吸风机电机 #2 轴瓦温度升至 70 ℃，随即联系检修人员到现场检查。检修人员到达现场后迅速采取紧急冷却措施，增加冲洗 #2 轴瓦表面冷却水量。但主控检查 #2 轴瓦温度还在持续上升，达到 75 ℃时跳闸，造成 3A 吸风机停运。

2. 原因分析

3A 吸风机跳闸后对 #2 电机轴瓦进行了解体检查，瓦口间隙偏小，同时润滑油有乳化现象。

3. 处理方法或经过

3A 吸风机跳闸后对 #2 电机轴瓦进行了解体检查，适当放大瓦口间隙，更换油站润滑油。

4. 考核情况

考核锅炉车间。

5. 技术措施或方案

（1）加强设备巡检和温度监测，发现问题后及时处理。

（2）定期对冷油器进行反冲洗，确保冷却水畅通。

（3）加强对油箱油位和油质的检查，及时补充或更换润滑油。

（4）加强检修质量验收。

6. 其他相关资料

无。

7. 附件

无。

52 #4 机组风烟系统 4B 空气预热器减速箱振动大事件

1. 事件经过

2003 年 1 月 17 日，运行人员报告 #4 锅炉 4B 空气预热器减速箱振动偏大，主电机电流出现摆动，本体班值班人员现场测量发现减速箱高速轴处轴向振动值为 0.15 mm，径向振动值为 0.12 mm，且现场高速轴处存在异音。工作人员判断可能是减速机高速轴（型号 61208-76）或轴承（型号 30309A）损坏，申请降负荷检查消缺。

2. 原因分析

解体减速机后，工作人员检查发现高速轴输入端轴承滚珠有轻微磨损现象，轴承保持架松动，查询以往检修记录后发现损坏轴承为 2002 年检修期间更换的，品牌及型号为 SKF30309A。结合近年来公司频繁发生空气预热器高速轴及轴承损坏缺陷，经查损坏轴承均为同批次购买的 SKF 品牌轴承，轴承质量问题是缺陷发生的主要原因。

3. 处理方法或经过

4B 空气预热器停运，具备消缺条件后，盘车初步检查发现高速轴转动不灵活，解体减速机后检查发现高速轴轴承损坏，更换高速轴轴承后开启减速机，振动值恢复正常（≯ 0.08 mm），电机电流平稳，缺陷消除。

4. 考核情况

考核锅炉车间本体班。

5. 技术措施或方案

机组检修中解体空气预热器减速机后高速轴轴承必须更换。

预防措施：

（1）加强对日常设备的检查力度，重点监测减速机高速轴箱体处的振动和声音异常现象，发现问题后及时查明原因并消除隐患。

（2）加强设备备品备件质量管理，严格执行验收制度，停止使用同批次购买的 SKF30309A 轴承。

（3）完善检修工艺，高速轴轴承更换必须采用加热方法安装，并控制轴承加热温度不超过 120 ℃。

6. 其他相关资料

无。

7. 附件

无。

53 #1 锅炉 1A 送风机掉闸事件

1. 事件经过

2003 年 6 月 5 日 9 时 50 分，1A 送风机掉闸，经查此次事件发生系锅炉车间风机班检修人员在接到运行人员通知 1A 送风机润滑油温高缺陷后到油站观察发现油温在 44 ℃，便想用扳手松开冷油器放水堵冲洗一下，但拧松的却是冷油器放油堵，当带压油喷出后，润滑油压瞬间降低，1A 送风机掉闸，#1 发电机组被迫降负荷。

2. 原因分析

（1）此次事件暴露出部分生产人员干活不办工作票和作业安全措施票，对执行各种制度很不认真，有令不行，有禁不止，使制度形同虚设。

（2）施工前不核对设备位置，凭印象、凭感觉，盲目拆卸部件，这是造成此次事件的直接原因。

3. 处理方法或经过

1A 送风机掉闸后，检修人员重新将冷油器放油堵拧紧，联系运行人员重启 1A 送风机。同时松开冷油器放水堵进行冲洗，油站油温降至允许值。1A 送风机重启后运行正常。

4. 考核情况

此事件构成人为二类障碍，统计在锅炉车间。

5. 技术措施或方案

（1）组织公司所有员工学习此次事件，认真汲取教训，杜绝这种违章行为的再次发生。

（2）借此机会对风机班等班组展开技能培训，增强班组人员对设备的熟悉程度。

（3）对锅炉车间所属设备标识牌进行整治，对现场所有阀门、设备悬挂标识牌做到全覆盖。避免误操行为的发生。

6. 其他相关资料

无。

7. 附件

无。

54　#4 锅炉 4B 吸风机断叶片停运事件

1. 事件经过

2004 年 6 月 9 日 9 时，运行人员发现 #4 锅炉 4B 吸风机振动大，机壳内有异音，经过运行调节，排除了喘振和抢风原因后，联系中调，申请停运 4B 风机。停运后对工作人员 4B 风机进行解体，检查发现风机 16 个动叶片当中有 3 个叶片的部分叶片螺栓断裂，造成叶片蹭到机壳，叶片顶部磨损，导致风机振动大。随后更换了磨损严重的叶片及其对称叶片，更换所有叶片螺栓共 96 条及部分螺栓衬套。抢修结束后风机开启运行正常。

2. 原因分析

经过金相对损毁的叶片螺栓进行金属探伤、检验分析，确认螺栓材质与之前所用不同，强度较低。此外，2003 年 #4 机组小修时曾外委对吸风机叶片及导叶进行喷涂防磨处理，导致叶片强度进一步降低。长时间运行后强度较低的叶片螺栓率先断裂，风机振动增大后剩余螺栓的损坏速度加快。

3. 处理方法或经过

更换磨损严重的叶片及其对称叶片，检查其他位置的叶片磨损情况，更换所有叶片螺栓共 96 条及部分螺栓衬套，开启 4B 吸风机后运行正常。

4. 考核情况

考核锅炉车间。

5. 技术措施或方案

（1）咨询厂家后发现，该螺栓已全部国产化，建议只做一次性使用。

（2）在机组大小修期间对吸风机叶片螺栓进行宏观检查。

（3）对采购的叶片螺栓进行 100% 的金属探伤处理。

6. 其他相关资料

无。

7. 附件

无。

55 #4 锅炉 4B 引风机断叶片停运事件（一）

1. 事件经过

2004 年 8 月 9 日 11 时，运行人员发现 #4 锅炉 4B 引风机机壳内有异音，经过运行调节，排除了喘振和抢风原因后，联系锅炉车间风机班检修人员，结合 6 月 9 日 4B 吸风机曾发生叶片断裂的事件，初步判断造成 4B 引风机有异音的原因可能是叶片断裂，遂向中调申请停运 4B 引风机。停运后对 4B 引风机进行解体，检查发现风机出口有 2 块掉落的叶片及部分叶片螺钉，未掉落的叶片部分变形弯曲，损坏严重，部分叶柄轴螺孔拉伤。

2. 原因分析

2003 年 #4 机组小修时曾外委对引风机叶片及导叶进行喷涂防磨处理，导致叶片强度降低。金相对损毁的叶片螺栓进行金属探伤、检验分析，发现叶片螺栓的强度也有所降低。长时间运行后，强度较低的叶片螺栓率先断裂，风机振动增大后剩余螺栓的损坏速度加快，最终导致叶片断裂，风机停运。

3. 处理方法或经过

更换 4B 引风机所有断裂、弯曲、变形的叶片，共计更换叶片 48 片。开启 4B 引风机后运行正常。

4. 考核情况

考核锅炉车间。

5. 技术措施或方案

（1）咨询厂家后发现，该螺栓已全部国产化，建议在今后的引风机检修中，将螺栓全部更换。

（2）在机组大小修期间对引风机叶片螺栓进行宏观检查。

（3）对采购的叶片螺栓进行 100% 的金属探伤处理。

（4）对叶片防磨喷涂前因进行分析，保证叶片的强度在合理范围内。

6. 其他相关资料

无。

7. 附件

无。

56 #4锅炉4B引风机断叶片停运事件（二）

1.事件经过

2004年8月11日13时22分，运行人员发现#4锅炉4B引风机振动大，遂联系锅炉车间风机班，在此过程中，4B引风机掉闸。随后风机班检修人员办理工作票，揭开大盖，进入风机内部检查。就地检查发现4B引风机叶片全部断裂，风道内叶片碎块、固定螺栓断裂较多，机壳部分变形，受损严重。随即组织人员进行抢险，对轮毂轴承箱液压缸等进行解体，并修复受损的机壳。风机开启后振动值正常。

2.原因分析

4B引风机所用叶片为上海鼓风机厂有限公司生产，金相对损毁的叶片进行金属探伤、检验分析，发现其中一片断裂叶片沿叶根截面断裂，断面有2处局部碰磨痕迹，颗粒较粗糙，颜色呈现灰暗无光泽特征，局部断面密集气孔类铸造缺陷特征明显，断面分布有红黄色的砂粒类物质，此缺陷大大降低叶片的机械性能和抗断裂强度。因此，风机叶片部分位置存在较大面积的铸造类缺陷是造成此次叶片断裂的主要原因。运行的交变应力使缺陷叶片周围产生的应力集中，交变应力的长期作用最终导致材料疲劳失效。叶片瞬间断裂导致其余叶片被打断，整套叶片全部报废。

3.处理方法或经过

将4B引风机断裂的叶片全部更换，修复受损的机壳。消缺工作结束后，开启4B引风机，风机启动后运行正常。

4.考核情况

考核锅炉车间。

5.技术措施或方案

（1）在下次检修时，对叶片进行宏观检查，若无法对叶片进行宏观判断，则随机抽查部分叶片送往金相进行强度分析，及时更换不合格的叶片。

（2）需采购具有相关资质厂家的叶片，并对采购的叶片进行100%的金属探伤处理。

（3）将叶片的检查范围扩大，在其他机组检修时检查叶片是否合格。

6.其他相关资料

无。

7. 附件

无。

57　#4 锅炉 4B 引风机断叶片停运事件（三）

1. 事件经过

2004 年 11 月 23 日 9 时 45 分，运行人员发现 #4 锅炉 4B 引风机振动报警，调取设备运行曲线，发现 4B 引风机振动曲线在 9 时 44 分突然增大，并且电流也不正常增加，遂联系锅炉车间相关检修人员。风机班检修人员到达现场后发现引风机振动值已超过允许值且内部有异音，结合振动曲线、电流值和过往的维修记录，初步判断 4B 引风机叶片断裂，向中调申请对其进行停运检修。风机停运后，检修人员经人孔进入 4B 引风机内部发现一片叶片断裂，多个叶片被断裂的碎片冲击而弯曲变形。打开 4B 引风机上盖，经检查发现断裂的叶片，同时发现由断裂飞出的叶片造成了其他叶片的损伤，共计有 22 片叶片弯曲变形。检查风机内部未发现其他异物。

2. 原因分析

金相对断裂、损坏的叶片进行检测分析，发现断裂部位距离叶根约为 40 cm，叶片表面存在较多的污物及灰尘，叶片沿出气侧存在减薄区域。从整体上看断面存在贝纹线，为疲劳断裂，裂纹从进气侧向出气侧扩展。因此，造成此次 4B 引风机断裂的原因为在冷热交变应力的作用下，叶片出气侧磨损较严重的部位开始出现裂纹，裂纹逐渐向进气侧疲劳扩展，直至叶片断裂。

3. 处理方法或经过

将 4B 引风机断裂、变形的叶片全部拆除，并回装备用叶片，共计更换 23 片叶片。连续工作 16 小时后，消缺工作结束，与运行人员沟通试运，4B 振动值正常，并入系统运行，消缺工作结束。

4. 考核情况

考核锅炉车间。

5. 技术措施或方案

（1）在下次检修时，对叶片进行宏观检查，若无法对全部叶片进行宏观判断，则随机抽查部分叶片，送往金相进行强度分析，及时更换不合格的叶片。

（2）机组运行期间，加强风机参数监视和就地检查，发现异常及时分析处理。

（3）提高叶片出气侧磨损严重部位耐磨性，对其进行特殊处理或提升其材质等级。

（4）严格监视送风机的运行状况，加强送风机叶片监督检验。

（5）及时储备备用叶片，确保在风机叶片发生异常时能够及时进行抢修，避免风机长时间单侧运行，影响机组负荷和安全运行。

6. 其他相关资料

无。

7. 附件

无。

58　#4 锅炉 4A 吸风机断叶片事件

1. 事件经过

2005 年 1 月 14 日 19 时 15 分，运行人员报告，4A 吸风机因振动大而掉闸。随后锅炉车间风机班检修人员办理工作票进入风机内部，就地检查发现风机出入口各有 2 块掉落的叶片及部分叶片螺钉，其余叶片大量变形弯曲，损坏严重，部分叶柄轴螺孔拉伤。随即组织人员进行抢修，对轮毂进行解体，更换全部叶柄轴及叶片，并修复受损的机壳。抢修工作于 19 日 8 时 30 分结束，风机开启后振动值偏大，当晚对风机找动平衡后恢复正常，缺陷消除。

2. 原因分析

4A 吸风机振动大的主要原因为叶片螺钉断裂，叶片脱出。

3. 处理方法或经过

对轮毂进行解体，更换全部叶柄轴及叶片，并修复受损的机壳。抢险工作于 19 日 8 时 30 分结束，风机开启后振动值偏大，当晚对风机找动平衡后恢复正常。

4. 考核情况

考核锅炉车间。

5. 技术措施或方案

（1）加强风机测振。

（2）加强叶片及叶片螺钉的验收。

（3）检修时对叶片及叶片螺钉进行检查。

6.其他相关资料

无。

7.附件

无。

59　#4 锅炉风烟系统 4B 空气预热器主电动机耦合器失效事件

1.事件经过

2005 年 3 月 10 日 18 时 30 分左右，运行人员就地检查发现 4B 空气预热器转子停转，主电机电流正常，耦合器转动正常，但高速轴停转，判断液力耦合器传动失效，随即降负荷至 150 MW。空气预热器电机停运后本体班成员补加耦合器传动油液后开启 4B 空气预热器电机，转子转动正常。

2.原因分析

经查 4B 空气预热器减速机耦合器为 2003 年检修期间更换，去年机组检修期间检查耦合器未见泄漏点，传动油量正常，未更换新油。液力传动油品失效是此次缺陷发生的主要原因。

3.处理方法或经过

4B 空气预热器停运后，就地盘车未发现减速箱及空气预热器转子内部有卡涩现象，进一步检查拆卸耦合器后发现液力传动油黏度明显增加，其他部分检查未见异常，重新更换传动油后试运正常，缺陷消除。

4.考核情况

考核锅炉本体班。

5.技术措施或方案

机组 C 级以上检修中液力耦合器传动油必须更换。

预防措施：

（1）加强液力耦合器传动油品质管理，严格按照产品说明书补加、更换传动油。

（2）加强日常设备检查频次，发现耦合器异常及时处理。

6. 其他相关资料

无。

7. 附件

无。

60 #4 锅炉 4A 吸风机断叶片事件

1. 事件经过

2005 年 3 月 23 日 21 时。运行人员发现 4A 吸风机因振动大而掉闸，遂联系锅炉车间相关人员。随后风机班检修人员办理工作票进入风机内部，就地检查发现 4A 吸风机叶片全部从根部断裂，出口导叶受损严重。随即组织人员进行抢险，对轮毂轴承箱液压缸等进行解体，并修复受损的机壳。抢修工作于 28 日 23 时 30 分结束，风机开启后振动值正常。

2. 原因分析

4A 吸风机所用叶片为上海鼓风机厂有限公司生产，技术人员分析后认为，叶片存在质量问题是叶片断裂的主要原因。

3. 处理方法或经过

对风机转子进行全面解体检修后风机开启运行正常。

4. 考核情况

事故主要原因为叶片质量问题，已责成有关人员追究制造厂家的责任。对锅炉车间不予考核。

5. 技术措施或方案

（1）加强备品备件验收。

（2）检修时对叶片进行打磨探伤，发现问题及时处理。

6. 其他相关资料

无。

7. 附件

无。

61 #1 锅炉风烟系统 1B 空气预热器主电动机耦合器损坏事件

1. 事件经过

2005 年 8 月 31 日 0 时 20 分左右，运行人员报告 #1 锅炉 1B 空气预热器耦合器有异音，本体班值班人员现场检查空气预热器转速无明显变化，减速机高速轴处三项振动值 ≯ 0.08 mm，进一步检查发现耦合器外壳有明显摆动现象和轻微失速"丢转"趋势，判断耦合器损坏。降负荷更换耦合器后开启 1B 空气预热器，异音消除，消缺完毕。

2. 原因分析

（1）解体耦合器后发现油位正常，泵轮侧轴承转动不灵活，局部位置卡住，轴承滚珠有麻点，保持架松动，主轴部分位置存在油脂过热后的痕迹，泵轮侧轴承卡涩损坏是事件发生的直接原因。

（2）润滑油失效是导致耦合器轴承损坏的另一个因素。工作人员查询以往检修台账后发现，1B 空气预热器耦合器为 2003 年检修期间更换的，2004 年检修期间更换了耦合器传动油，但本次解体后的油脂黏稠，润滑油存在变质现象。

3. 处理方法或经过

1B 空气预热器停运后，重新更换液力耦合器后试运正常，缺陷消除。

4. 考核情况

考核锅炉车间本体班。

5. 技术措施或方案

机组 C 级以上检修中液力耦合器传动油必须更换。

预防措施：

（1）加强液力耦合器传动油品质管理，严格按照产品说明书补加、更换传动油。

（2）加强日常设备检查频次，发现耦合器异常及时处理。

（3）加强备件质量管理，对于如空气预热器耦合器等一类易损设备做到至少有合格备件，缩短消缺处理时间。

6. 其他相关资料

无。

7. 附件

无。

62 #1 锅炉风烟系统 1A 空气预热器减速箱油封渗油事件

1. 事件经过

2005 年 9 月 30 日，运行人员报告 1B 空气预热器减速箱高速轴油封渗油，本体班值班人员现场测量高速轴处三向振动值 ≯ 0.08 mm，且现场高速轴处无异音，检查耦合器无渗漏。判断高速轴骨架油封损坏，申请降负荷检查消缺。

2. 原因分析

工作人员拆卸油封后检查发现骨架油封唇边存在磨损现象，油封整体未发现老化，造成唇口磨损故障原因是润滑不良，唇口与轴发生干摩擦。磨损后的骨架油封唇边起到密封的作用，油从缺口处渗出。

3. 处理方法或经过

1B 空气预热器停运，具备消缺条件后，工作人员更换两盘骨架油封，试运后减速箱高速轴油封处不再渗油，运行一段时间后 1B 空气预热器正常，缺陷消除。

4. 考核情况

考核锅炉车间本体班。

5. 技术措施或方案

机组检修中解体空预器减速机后高速轴骨架油封必须更换。

预防措施：

（1）加强设备备品备件质量管理，严格执行验收制度，使用油封前确认刃口无毛刺或划痕后方可使用。

（2）安装油封时油封唇口与轴表面适当涂抹润滑脂，油脂不宜过多。

（3）完善检修工艺，更换油封装配时，使用细砂纸打磨轴端倒角，涂敷油脂，小心安装，必要时制作专用工具防止损伤唇口。

6. 其他相关资料

无。

7. 附件

无。

63 #5锅炉捞渣机系统链条卡涩事件

1. 事件经过

2006年9月6日，运行人员报告#5锅炉捞渣机因电流突增（负荷维持不变，驱动电机电流由35 A增大至60 A）而掉闸，捞渣机停运。本体班人员就地检查发现拐弯段上方斜坡热风管道处存在大量坚硬焦块（最大直径约2.5 m），检查捞渣机链条，链条未见异常，判断捞渣机停运主要原因是锅炉掉大焦，申请降负荷消缺。清理焦块后捞渣机正常开启，缺陷消除。

2. 原因分析

锅炉受热面结焦严重，特大焦块掉入水中不能被水粒化，大焦块运转至拐弯段热风管道处卡死，捞渣机电机掉闸停运。

3. 处理方法或经过

#5机组降负荷至300 MW，使用消防水冷却，然后使用大锤敲击大焦至碎块化后再将其清理出捞渣机，整体检查刮板无变形后开启捞渣机，缺陷消除。

4. 考核情况

考核锅炉车间本体班。

5. 技术措施或方案

全面检查捞渣机刮板、链条，确认无裂纹、无变形。

预防措施：

（1）加强日常设备检查力度，控制捞渣机链条最大转速不超过2.5 m/min，确保捞渣机刮板偏斜角度 ≯ 5°。

（2）优化捞渣机链条运转速度，遇锅炉掉焦工况时适当提高链条转速，提高捞渣机出力。

（3）优化锅炉吹灰频率，高负荷时适当增加吹灰次数，减少锅炉受热面黏性结焦。

（4）优化锅炉燃烧配风比例，降低掉焦频次，避免坚硬焦块砸伤链条刮板。

6. 其他相关资料

无。

7. 附件

无。

64 #1 锅炉 1B 送风机暖风器堵塞事件

1. 事件经过

2006 年 11 月 10 日，运行人员发现 #1 锅炉 1B 送风机暖风器前后压差逐渐增大，1B 送风机出力受阻，遂联系锅炉车间检修人员。检修人员判断 1B 送风机暖风器有积灰堵塞，需停设备冲洗。当晚申请降负荷，停运 1B 送风机，冲洗暖风器后恢复正常。

2. 原因分析

公司采用 SAH—4XD 型暖风器系无锡市华通电力设备有限公司产品，每台暖风器有 6 组换热片。换热管采用钢制椭圆矩形翅片管，管间距较小且采用层叠布置，容易发生积灰堵塞。设备投运以来，虽每次检修都对换热片进行冲洗，但运行中仍多次出现积灰堵塞导致压差大，由于没有设置吹灰或在线冲洗装置，不得不降负荷停运风机进行冲洗。

3. 处理方法或经过

冲洗暖风器换热片。

4. 考核情况

考核锅炉车间。

5. 技术措施或方案

2011 年 8 月，在对 #1 机组的维修中对 #1 锅炉送风机暖风器进行了整体改造，由天津爱尔普科技发展有限公司负责生产安装，每侧风道布置五组暖风器换热片，其中两组为可翻转式暖风器组，采用蒸汽进气调节和疏水器疏水的方式，暖风器疏水排至扩容器内。改造之后，#1 锅炉送风机暖风器积灰情况大为改善。

6. 其他相关资料

无。

7. 附件

无。

65 #4 锅炉 4B 一次风机挡板关闭事件

1. 事件经过

2006 年 12 月 23 日 17 时，运行人员发现 #4 锅炉 4B 一次风机出口风压增大，风量减小。就地检查发现风机出口挡板执行机构连杆调节臂与挡板拐臂连接轴孔处断裂导致出口挡板自关。19 时 #4 锅炉降负荷，停运 4B 一次风机，恢复执行机构连杆，开关出口挡板正常。

2. 原因分析

长时间运行使得出口挡板执行机构连杆调节臂轴产生金属疲劳，4B 一次风机振动导致出口挡板执行机构连杆调节臂轴孔断裂，出口挡板自关。

3. 处理方法或经过

停运 4B 一次风机，恢复执行机构连杆，开启风机后运行正常。

4. 考核情况

考核锅炉车间。

5. 技术措施或方案

（1）检修时认真检查调试各风机挡板，发现问题后及时处理。

（2）检修时对连杆进行探伤，发现缺陷后及时更换。

6. 其他相关资料

无。

7. 附件

无。

66 #4 锅炉 4B 送风机入口滤网堵塞事件

1. 事件经过

2007 年 1 月 2 日 7 时，运行人员发现 #4 锅炉 4B 送风机出力降低，出口风压下降，遂联系锅炉车间相关检修人员。检修人员就地检查后发现 4B 送风机入口滤网大面积结霜堵塞，便开始清理滤网。9 时 30 分清理工作结束，4B 送风机恢复正常。期间 #4 机组负荷下降 50 MW。

2. 原因分析

下雪后气温降低，风机入口滤网处结霜导致 4B 送风机处理受阻。

3. 处理方法或经过

清理入口滤网积霜后，风机运行恢复正常。

4. 考核情况

考核锅炉车间。

5. 技术措施或方案

加强设备巡检，发现风机入口滤网堵塞后及时清理。

6. 其他相关资料

无。

7. 附件

无。

67 #6 锅炉 6B 一次风机挡板关闭事件

1. 事件经过

2007 年 4 月 29 日 11 时，运行人员发现 #6 锅炉 6B 一次风机振动大，遂联系锅炉车间检修人员。检修人员就地检查后发现风机喘振，出口挡板翻板拐臂与连杆轴销脱落自关。经中调同意，于 13 时 #6 锅炉降负荷至 300 MW，停运 6B 一次风机，恢复轴销，开关出口挡板恢复正常。

2. 原因分析

一次风机出口挡板轴销长期磨损变细，紧力不足，机组启动时开启 6B 一次风机振动导致轴销脱落。

3. 处理方法或经过

停运 6B 一次风机，恢复轴销，开启风机后运行正常。

4. 考核情况

考核锅炉车间。

5. 技术措施或方案

（1）检修时认真检查调试各风机挡板，发现问题后及时处理。
（2）风机挡板轴销增加防脱装置。

6. 其他相关资料

无。

7. 附件

无。

68 #6 锅炉 6B 空气预热器跳闸事件

1. 事件经过

2007 年 8 月 6 日，#6 锅炉 6B 空气预热器驱动电机因过流而掉闸，空气预热器停转，机组负荷降至 300 MW。本体班值班人员现场检查（当时天气连续降雨）后发现 B 侧空气预热器外保温大面积脱开，判断为雨水进入空气预热器定子外壳，导致局部遇冷收缩，转子继续运行与定子收缩点剐蹭导致空气预热器掉闸停运。

2. 原因分析

#6 锅炉空气预热器外壳保温破损，且空气预热器壳体上部为裸露外置，该保温层设计不能有效密封，连续降雨导致雨水进入空气预热器定子外壳，外壳局部遇冷收缩，转子局部与外壳间隙变小，引起摩擦，导致电机电流摆动，进一步发展直至掉闸。

3. 处理方法或经过

#6 机组降负荷至 300 MW，在外保温破损处搭设临时遮雨帆布，防止雨水继续流入空气预热器定子外壳，同时打开烟气侧人孔门，将手拉葫芦挂在转子外壳盘车，同时适当低转速开启一次风机通风冷却蓄热元件，使空气预热器转子和定子温差逐步缩小，转子收缩，消除"胀点"后开启空气预热器，空气预

热器运行正常，缺陷消除。

4. 考核情况

考核锅炉车间本体班。

5. 技术措施或方案

制定 #6 炉空气预热器外壳保温整修施工方案。

预防措施：

（1）加强日常设备检查力度，发现空预器外壳保温破损后及时修复，防止膨胀不均引起局部碰磨。

（2）根据现场实际临时搭设防止雨水进入空预器定子外壳的遮雨装置。

6. 其他相关资料

无。

7. 附件

无。

69 #3 锅炉风烟系统 3B 空气预热器减速机转动异音事件

1. 事件经过

2007 年 11 月 23 日，运行人员报告 #3 锅炉 3B 空预器减速箱高速轴处有异音，主电机电流无明显变化，本体班值班人员现场检查测量减速箱高速轴处三向振动值 ≯ 0.08 mm，轴承端盖处温度为 52 ℃，符合规程要求。进一步检查发现液力耦合器电机输入侧外壳存在轻微抖动，判断可能是液力耦合器或弹性体损坏，申请降负荷检查消缺。

2. 原因分析

电机带动耦合器在运转过程中因受到连续挤压而发生弯曲、扭曲、椭圆化或其他异性变化，同时耦合器高速运转传动油温度升高，通过外壳传递至弹性体，造成表层受热机械性质变化损伤，长期运行导致弹性体表面硬化发生断裂。

3. 处理方法或经过

3B 空预器停运，具备消缺条件后，工作人员拆卸电机后检查发现连接弹性体断裂，盘车未见其他异常，更换弹性体后开启 3B 空预器，缺陷消除。

4. 考核情况

考核锅炉车间本体班。

5. 技术措施或方案

机组检修中解体空预器减速机后发现弹性体硬化时必须更换。

预防措施：

（1）加强日常设备检查力度，重点监测减速机高速轴箱体处的振动和声音异常现象，发现问题后及时查明原因并消除隐患。

（2）加强设备备品备件质量管理，严格执行验收制度。

（3）严格执行转动机械检修工艺要求，做好数据记录。

6. 其他相关资料

无。

7. 附件

无。

70 #5 锅炉 A 空预器跳闸事件

1. 事件经过

2008 年 5 月 14 日，5A 空预器驱动电机因过流而掉闸，空预器停转，机组负荷降至 300 MW。锅炉车间本体班检修人员现场打开烟气侧人孔门检查未见异物卡涩，再次开启设备有明显剐蹭声音，判断空预器外壳存在局部受热变形不均匀现象，使用手拉葫芦辅助盘车，冷热端温差减小后空预器正常开启，缺陷消除。

2. 原因分析

空预器掉闸时正处于机组升负荷期间，锅炉烟气温度变化速率大，空预器转子"蘑菇状"变形加剧，导致空预器底部的径向密封片和扇形板发生摩擦，导致空预器电流升高而掉闸。

3. 处理方法或经过

使用手拉葫芦辅助盘车并低转速开启一次风机通风降温，冷热端温差减小后空预器正常开启，缺陷消除。

4. 考核情况

考核锅炉车间本体班。

5. 技术措施或方案

在今后机组负荷变化期间严密监视锅炉烟温变化，控制升降温速率，减小局部热变形量。

预防措施：

（1）加强日常设备检查力度，发现空预器转子转动异常时及时检查处理。

（2）严格控制锅炉运行中的烟温变化速度，在升降负荷过程中严格控制锅炉烟气的升降温速率，避免造成空预器局部热变形过大。

（3）空预器蒸汽吹灰器吹灰前应充分疏水，防止未疏水或疏水不彻底导致局部受热不均而变形。

（4）锅炉启动前提前开启空气预热器，防止启停机过程中烟温过高，引起局部变形。

6. 其他相关资料

无。

7. 附件

无。

71 #3 锅炉风烟系统 B 空气预热器减速箱异音事件

1. 事件经过

2008 年 5 月 23 日，运行人员报告 #3 锅炉 3B 空预器减速机有异音，本体班检修人员现场检查后发现高速轴轴向振动偏大（0.1 mm），判断可能是减速机高速轴（型号 61208-76）或轴承（型号 30309A）损坏。在机组热备用期间检修人员进一步检查高速轴、对轮找中心后异音未完全消除，需要待机组检修时解体减速机进行检查处理。

2. 原因分析

（1）高速轴轴承质量不佳，长期高速旋转导致滚珠磨损。

（2）揭盖清理减速机结合面时发现导油槽局部堵塞，润滑油未能流入轴承可靠润滑是导致轴承滚珠磨损的次要原因。

（3）轴承滚珠磨损后继续运转导致轴承振动变大，高速轴轴颈磨损。

3. 处理方法或经过

再 #3 机组检修期间，解体减速机检查后发现高速轴及轴承损坏，更换高速轴及轴承后开启减速机运行正常，6 月 13 日缺陷消除。

4. 考核情况

锅炉车间本体班。

5. 技术措施或方案

在机组检修中解体空预器减速机后高速轴轴承必须更换。

预防措施：

（1）加强日常设备检查力度，重点监测减速机高速轴箱体处的振动和声音异常现象，发现问题后及时查明原因并消除隐患。

（2）加强设备备品备件质量管理，严格执行验收制度。

（3）完善检修工艺，更换高速轴轴承必须采用加热方法安装，并控制轴承加热温度不超过 120 ℃。

（4）加强空预器减速机润滑油品质检测，利用停机检修时机进行颗粒度检测，发现颗粒度不合格时及时更换润滑油。

6. 其他相关资料

无。

7. 附件

无。

72 #6 锅炉捞渣机炉后侧链条断裂事件

1. 事件经过

2008 年 5 月 24 日，运行人员报告 #6 锅炉捞渣机断链保护动作，捞渣机停运，本体班人员就地检查发现炉后侧捞渣机链条断裂，消缺工作需要捞渣机放水后进行，申请降负荷消缺。工作人员将捞渣机放水后清理箱体内焦块后，重新连接链条后捞渣机正常开启。

2. 原因分析

经检查，捞渣机链条连接处磨损严重，炉前、炉后链条磨损不一致，炉后侧链条磨损量偏大，链条整体拉长，刮板歪斜，遇锅炉掉焦时链条负载增大，在尾部导向轮处来不及转向，链条卡涩导致断链事件发生。

3. 处理方法或经过

#6 机组降负荷至 300 MW，打开捞渣机人孔门放水、清理焦块，找到断

裂处重新连接链条，整体检查刮板无变形后注水开启捞渣机，缺陷消除。

4. 考核情况

考核锅炉车间本体班。

5. 技术措施或方案

在机组检修期间彻底检查捞渣机链条裂纹情况，必要时整体更换链条。

预防措施：

（1）加强日常设备检查力度，控制捞渣机链条最大转速不超过 2.5m/min，确保捞渣机刮板偏斜角度 ≯ 5°。

（2）加强设备备品备件质量管理，严格执行验收制度。

（3）优化锅炉燃烧配风比例，降低掉焦频次，避免坚硬焦块砸伤链条刮板。

6. 其他相关资料

无。

7. 附件

无。

73 #6 锅炉捞渣机炉后侧链条断裂事件

1. 事件经过

2008 年 5 月 25 日，运行人员报告 #6 锅炉捞渣机断链保护动作，捞渣机停运，本体班人员就地检查发现炉后侧捞渣机链条再次断裂，消缺工作需要捞渣机放水后进行，申请降负荷消缺。工作人员将捞渣机放水后清理箱体内焦块后，重新连接链条后捞渣机正常开启。

2. 原因分析

5 月 24 日捞渣机链条已出现过断裂问题，链条断裂时局部受力不均匀，部分链条产生裂纹。当捞渣机重新开启，链条带上负荷后裂纹扩大直至断裂，这是造成此次链条断裂的主要原因。

3. 处理方法或经过

工作人员将 #6 机组降负荷至 300 MW，打开捞渣机人孔门放水、清理焦块，找到断裂处重新连接链条，打开尾部密封罩检查更换部分有裂纹链条，检查刮板无异常后注水开启捞渣机，缺陷消除。

4. 考核情况

考核锅炉车间本体班。

5. 技术措施或方案

在机组检修期间彻底检查捞渣机链条裂纹情况，必要时整体更换链条。

预防措施：

（1）加强日常设备检查力度，控制捞渣机链条最大转速不超过 2.5 m/min，确保捞渣机刮板偏斜角度 ≥ 5°。

（2）加强设备备品备件质量管理，严格执行验收制度。

（3）优化锅炉燃烧配风比例，降低掉焦频次，避免坚硬焦块砸伤链条刮板。

（4）炉内受热面及燃烧器焊接作业严格执行焊接工艺要求，避免受热面管卡和燃烧器喷嘴掉落砸伤、卡涩捞渣机链条、刮板。

6. 其他相关资料

无。

7. 附件

无。

74　#6 锅炉捞渣机链条脱落事件

1. 事件经过

2008 年 5 月 26 日，运行人员报告 #6 锅炉捞渣机链条脱落，消缺工作需要捞渣机放水后进行，向中调申请降负荷消缺。工作人员将捞渣机放水后清理箱体内焦块，发现捞渣机刮板耐磨条磨损严重，重新连接链条后捞渣机正常开启。

2. 原因分析

机组连续高负荷运行灰渣量大，捞渣机刮板耐磨条磨损严重，出力降低，灰渣清运不及时在拐弯段机内导轮处堆积、垫高、抬升链条、刮板，最终导致脱落。

3. 处理方法或经过

工作人员将 #6 机组降负荷至 300 MW，打开捞渣机人孔门放水、清理焦块，重新安装链条并检查刮板无异常后注水开启捞渣机，缺陷消除。

4. 考核情况

考核锅炉车间本体班。

5. 技术措施或方案

在机组检修期间彻底检查捞渣机链条裂纹情况，必要时整体更换链条。

预防措施：

（1）加强日常设备检查力度，控制捞渣机链条最大转速不超过 2.5 m/min，确保捞渣机刮板偏斜角度 ≥ 5°。

（2）加强设备备品备件质量管理，严格执行验收制度。

（3）优化锅炉燃烧配风比例，降低掉焦频次，避免坚硬焦块砸伤链条刮板。

（4）锅炉高负荷运行期间，受热面吹灰器投运后关注捞渣机灰渣量，必要时适当提高捞渣机转速，提高捞渣机刮灰出力，减少灰渣堆积。

6. 其他相关资料

无。

7. 附件

无。

75 #3 锅炉 3A 引风机动叶不能调节事件

1. 事件经过

2008 年 7 月 18 日，运行人员发现 #3 锅炉 3A 引风机正常运行中叶片的开度无法正常操作，遂联系锅炉检修人员。风机班值班员就地检查发现引风机液压缸反馈轴指示盘无明显变化，风机振动值正常无异音，初步判断风机动叶调节系统有缺陷，向中调申请临时降负荷，抢修风机。风机停运后，工作人员解体液压缸，检查发现液压缸定位轴承旋转灵活，液压缸缸体内壁有划痕，液压缸主轴轴套与活塞结合面密封圈沟槽尺寸偏大，液压缸控制头滑块带动小齿条在伺服阀内运动时液压缸控制头双面齿条无反馈。更换液压缸后，检查引风机叶片开度正常。并入系统后，风机运行正常，风机叶片开度控制正常，缺陷消除。

2. 原因分析

液压缸缸体铜套与主轴间隙过大，造成轴封无法有效密封，液压缸内的液压油会从轴封处渗出，油压维持不住。液压缸活塞左右两侧的压力相差不大，活塞左右两侧无法形成压差，液压缸缸体无法在活塞轴上进行直线运动，进而造成动叶无法动作。

3. 处理方法或经过

工作人员停运设备后检查发现液压缸定位轴承旋转灵活，液压缸控制头滑块带动小齿条在伺服阀内运动而液压缸控制头双面齿条无反馈。更换液压缸后，检查引风机叶片开度正常。并入系统后，风机运行正常，风机叶片控制正常。

4. 考核情况

考核锅炉车间。

5. 技术措施或方案

（1）尽快修理组装一台液压缸以备停炉时进行更换。

（2）选用原厂的液压缸密封件，要求具有金属保持架和金属防尘罩，并保证润滑良好。

（3）液压缸缸体、活塞、高低压腔体由于使用年限较长，普遍存在磨损现象，造成密封效果降低，建议更换。

（4）提高检修装配质量，保证各部件配合间隙。

（5）加装在线滤油装置，对油质定期进行化验，保证清洁度。

6. 其他相关资料

无。

7. 附件

无。

76 #6锅炉捞渣机炉后侧链条断裂事件

1. 事件经过

2009年10月18日，运行人员报告#6锅炉捞渣机断链保护动作，捞渣机停运，本体班人员就地检查发现炉后侧捞渣机链条断裂，消缺工作需要捞渣机放水后进行，申请降负荷消缺。工作人员捞渣机放水后清理箱体内焦块，重新连接链条后捞渣机正常开启。

2. 原因分析

5月24日、25日#6锅炉捞渣机链条已出现过两次卡涩断裂缺陷，链条断裂时局部受力不均匀，部分链环瞬时受力超过拉伸极限，产生内部缺陷，迎峰度夏机组连续多日高负荷运行，内部裂纹逐渐发展扩大，导致链条再次断裂。

3. 处理方法或经过

#6 机组降负荷至 300 MW，打开捞渣机人孔门放水、清理焦块，找到断裂处重新连接链条，打开尾部密封罩检查更换部分有裂纹缺陷链条，检查刮板无异常后注水开启捞渣机，缺陷消除。

4. 考核情况

考核锅炉车间本体班。

5. 技术措施或方案

在机组检修期间彻底检查捞渣机链条裂纹情况，必要时整体更换链条。

预防措施：

（1）加强日常设备检查力度，控制捞渣机链条最大转速不超过 2.5 m/min，确保捞渣机刮板偏斜角度 $\geqslant$ 5°。

（2）加强设备备品备件质量管理，严格执行验收制度。

（3）优化锅炉燃烧配风比例，降低掉焦频次，避免坚硬焦块砸伤链条刮板。

（4）炉内受热面及燃烧器焊接作业严格执行焊接工艺要求，避免受热面管卡和燃烧器喷嘴掉落砸伤、卡涩捞渣机链条、刮板。

6. 其他相关资料

无。

7. 附件

无。

77　#5 锅炉 5A 吸风机漏油事件

1. 事件经过

2008 年 11 月 26 日 9 时 50 分，巡检发现 5A 吸风机油位低，补加油液后油位下降迅速，遂联系检修人员，同时申请降负荷至 300 MW，停运 5A 吸风机。检修人员就地检查发现液压油站液压缸供油管上有一处砂眼从而导致大量漏油，随即对油管进行补焊，清理漏油。补焊结束后开启液压油站油泵不再漏油，开启 5A 吸风机后运行正常。

2. 原因分析

5A 吸风机液压油站油位下降快的主要原因是液压缸供油管上有一处砂眼。

3. 处理方法或经过

补焊油管并清理漏油。

4. 考核情况

考核锅炉车间。

5. 技术措施或方案

（1）加强设备巡检，发现漏油后第一时间进行处理。
（2）提高油管焊接质量。

6. 其他相关资料

无。

7. 附件

无。

78 #5 锅炉 5B 吸风机漏油事件

1. 事件经过

2008 年 12 月 15 日 6 时，巡检发现 5B 吸风机油位低，补加油液后油位下降迅速，遂联系检修人员，同时申请降负荷至 300 MW，停运 5B 吸风机。检修人员进入风机内部检查发现液压缸回油管老化开裂导致大量漏油，便更换新油管并清理漏油。随后开启液压油站，油泵不再漏油，开启 5B 吸风机后运行正常。

2. 原因分析

5B 吸风机液压油站油位下降快的主要原因是液压缸回油管老化开裂。

3. 处理方法或经过

补焊油管并清理漏油。

4. 考核情况

考核锅炉车间。

5. 技术措施或方案

（1）加强胶管来货验收，定期进行胶管的抽样压力试验和破断试验，联系供货厂家进行承载强度核算，保证来货质量。

（2）凡遇停炉（3天以上）机会定期对高压胶管进行更换，凡是符合使用年限达到2年或者表面胶皮出现开裂、脱落的任何一项条件的，该胶管必须更换。

6. 其他相关资料

无。

7. 附件

无。

79 #2 锅炉 2A 吸风机断轴停运事件

1. 事件经过

2009 年 6 月 13 日 3 时左右，运行中的 2A 吸风机因电流大而跳机，工作人员经过内部检查后发现部分叶片剐蹭机壳，叶轮大襟叶与小襟叶叶顶磨卷边。6 月 13 日 11 时，工作人员吊出风机大盖，检查发现叶轮与主轴连接处主轴系轮毂焊缝开裂，裂纹长度约占轮毂周长的 85%，轴向撕裂约 160 mm，造成叶轮在运行中发生沉降从而与机壳发生摩擦。

2. 原因分析

2A 吸风机叶轮与主轴连接处主轴系轮毂焊缝开裂，裂纹长度约占轮毂周长的 85%，轴向撕裂约 160 mm，造成叶轮在运行中发生沉降从而与机壳发生摩擦，电流过载，致使风机在运行中掉闸。

焊缝开裂的原因：（1）吸风机叶轮组件中间轴的短轴与轮毂的连接方式为焊接方式。设备在长期运行中，该焊缝不断承受交变应力，致使焊缝疲劳并产生宏观上看不到的微小裂纹，并迅速发展成为宏观裂纹并断裂。

（2）2A 吸风机经常在低频喘振状态下工作。

2A 吸风机抢修结束后查阅风机运行实时监控发现该风机经常保持在正压状态下运行，一般保持在 0.02~0.04 kPa，风机出口风压从 6 月 4 日开始正压逐渐增大到 0.8 kPa，尤其是 6 月 8 日上升到 0.10 kPa 左右，6 月 12 日故障前最高正压运行达到 0.14 kPa 左右。风机正常运行期间其出口应保持负压，否则风机气流会在风机内部引起不规则扰动，造成风机运行声音异常和振动增加，也就是风机喘震现象。

3. 处理方法或经过

更换了一台备用转子后开启风机。

4. 考核情况

考核锅炉车间。

5. 技术措施或方案

（1）建议一旦有停炉机会立即对 2A 吸风机相同位置进行金属探伤检查。

（2）建议公司有关职能部门制定措施，统一协调锅炉设备运行与除尘设备运行之间的关系，避免风机出口正压运行，确保设备安全正常运行。

6. 其他相关资料

无。

7. 附件

无。

80 #3 锅炉 3A 送风机动叶不能调节事件

1. 事件经过

2009 年 8 月 5 日，运行人员发现 #3 锅炉 3A 送风机电流突然降至最低值，炉膛压力快速升高，叶片开度无法操作，风机出力无法增加，遂联系锅炉检修人员。检修人员达到现场后发现风机振动值正常无异音，与就地运行人员一起调节动叶，执行机构主动轴动作反馈轴无变化，电机电流也无变化，初步判断风机动叶调节系统有缺陷，向中调申请临时降负荷，抢修风机。风机停运后，工作人员揭开大盖后，经检查液压缸弹簧片无断裂，进一步解体液压缸控制头后发现液压缸定位轴承已经损坏。更换液压缸定位轴承后开启送风机液压油站油泵油压正常，送风机动叶可以重新调整，与热控人员校对送风机动叶开度后恢复送风机运行。

2. 原因分析

活塞轴中心装有定位轴，叶轮旋转定位轴静止不动。当液压缸左右移动时会带动定位轴一起移动，控制头等零件是静止不动的。机组负荷起伏需要频繁调节动叶开度，定位轴随着液压缸的移动而移动。长此以往，定位轴承在运行中的磨损量逐渐增加，导致轴承游隙增大，并反过来加剧轴承的磨损速度，最终造成定位轴承彻底报废，从而进一步造成风机动叶开度无法有效调节。

3. 处理方法或经过

风机停运后揭盖检查，发现液压缸定位轴承损坏，将损坏的定位轴承更换，对液压缸中心找正。将液压缸控制头和机壳的扁钢连接牢固，避免液压缸控制头摆动。重新校对动叶开度后，恢复送风机运行。

4. 考核情况

考核锅炉车间。

5. 技术措施或方案

（1）尽快修理组装一台液压缸以备利用停炉机会更换。利用停炉机会定期更换液压缸定位轴承（超过半年借停炉机会更换一次）。

（2）选用原厂的液压缸密封件，要求具有金属保持架和金属防尘罩，并保证润滑良好。

（3）提高检修装配质量，保证各部件配合间隙，减少液压缸中心找正偏差。

（4）提高检修装配质量，保证各部件配合间隙。

（5）加装在线滤油装置，对油质定期进行化验，保证清洁度。

6. 其他相关资料

无。

7. 附件

无。

81 #2 锅炉 2A 吸风机振动大事件

1. 事件经过

2009 年 10 月 8 日 19 时，运行人员发现 2A 吸风机振动大，值班人员现场检测发现水平振动为 0.1 mm，至 20 时左右振动值突然增大至 0.6 mm，紧急联系运行人员停运 2A 吸风机。10 月 8 日晚工作人员对 2A 吸风机进行内部检查，发现 #4 轴承箱地脚台板开焊，遂对地脚台板开焊处进行补焊，至 10 月 9 日 6 时补焊完毕。风机启动后仍然振动大，又联系运行人员停运 2A 吸风机。

10 月 9 日 8 时，工作人员开始对 2A 吸风机进行揭大盖检查，发现 #4 轴承箱地脚台板仍有裂纹，从外部检查未发现其他问题。拆开 #4 轴承箱进行检查，发现轴承外圈转圈，轴承箱挡油环松动，轴承外圈与轴承座粘连严重，轴承报废，清洗地脚台板，打磨裂纹并补焊，割孔检查轮毂侧联轴器连接螺栓无松动，修好轴承座后回装。更换备件清单为轴承 1 盘、轴封 2 个、间隔衬套 1 个（内径 280 mm）、间隔衬套 1 个（内径 278 mm），轴承箱底部加铜皮找平轴承箱底座。至 10 月 11 日 15 时 30 分启动风机，振动仍大。振动值为垂直振动为 0.08 m，水平振动为 0.22 mm，轴向振动为 0.12 mm。

10 月 12 日，工作人员重新对 2A 吸风机进行揭大盖检查，发现联轴器侧轮毂根部空心轴焊缝开裂约 50%，遂决定就地补焊。13 日下午补焊完成后金相检查发现轮毂两侧侧向焊缝撕裂。10 月 14 日工作人员定方案为就地打磨补焊，按电研所要求按顺序焊接轮毂，控制焊接变形。15 日 9 时打磨焊接完毕，轮毂盘车一圈轴向偏差 1.5 mm，金相检查合格。15 日 13 时 40 分回装完毕后启动风机，水平振动为 0.09 mm，当晚又进行，校验加配重后水平振动降至 0.05 mm。

2. 原因分析

2A 吸风机振动大的主要原因为轮毂本身存在制造裂纹。另外 2A 吸风机为静叶可调式轴流风机，日常采用变频运行，随负荷变化工况变化较大是焊缝开裂的原因。

3. 处理方法或经过

修复 #4 轴承箱，打磨补焊开裂焊缝。修补完成后恢复风机运行。

4. 考核情况

考核锅炉车间。

5. 技术措施或方案

（1）加强振动检测。

（2）定期检查轮毂焊缝。

（3）静叶可调式轴流风机结构简单易维护，但运行效率低，其失速区比其他类型风机宽，低负荷运行时有可能进入失速区。2A 吸风机变频运行，且其主轴较长，受力较大，易发生焊缝开裂。2010 年 9 月份 #2 机组大修时将 #2 锅炉吸风机整体改造为上海鼓风机厂有限公司生产的 SAF28-19-1 型动叶可调轴流风机。

6. 其他相关资料

无。

7. 附件

无。

82　#4 锅炉 4B 送风机动叶开度变小事件

1. 事件经过

2009 年 11 月 7 日，运行人员发现 #4 锅炉 4B 送风机液压油突然报警，动叶开度无故关小，风压减小，就地风机出力降低，锅炉负荷被迫减小。运行人员立刻尝试开大动叶开度，发现叶片开度无法控制。随即联系锅炉车间风机班检修人员，检修人员到达现场后发现风机振动值正常无异音，遂与就地运行人员一起调节动叶，执行机构主动轴动作，反馈轴无变化，电机电流也无变化，初步判断风机动叶调节系统有缺陷，向中调申请临时降负荷，抢修风机。风机停运后，工作人员将液压缸解体，发现液压缸定位轴承已损坏，更换定位轴承后，启动送风机液压油站油泵，就地显示液压油压力正常，送风机动叶开度可正常调节。

2. 原因分析

风机停运后，观察、测量拆卸下来的定位轴承，发现定位轴承由于长期运行磨损，轴承游隙增大，保持架损坏。这是造成此次 4B 送风机动叶开度无故变小的主要原因。

3. 处理方法或经过

风机停运后揭盖检查，发现液压缸定位轴承损坏，将损坏的定位轴承更换。将液压缸控制头和机壳的扁钢连接牢固，避免液压缸控制头摆动。重新校对动叶开度后，恢复送风机。

4. 考核情况

考核锅炉车间。

5. 技术措施或方案

（1）尽快修理组装一台液压缸以备利用停炉机会更换。利用停炉机会定期更换液压缸定位轴承（超过半年借停炉机会更换一次）。

（2）选用原厂的液压缸密封件，要求具有金属保持架和金属防尘罩，并保证润滑良好。

（3）提高检修装配质量，保证各部件配合间隙，减少液压缸中心找正偏差。

（4）提高检修装配质量，保证各部件配合间隙。

（5）加装在线滤油装置，对油质定期进行化验，保证清洁度。

6. 其他相关资料

无。

7. 附件

无。

83 #4 锅炉风烟系统 4B 空气预热器主电动机耦合器漏油事件

1. 事件经过

2009 年 11 月 8 日运行人员报告 4B 空预器耦合器漏油，空预器停运，本体班人员现场检查发现耦合器易熔塞漏油损坏，进一步检查发现空预器停转前主电机电流出现明显摆动（正常值 13.5~15 A，停运前电流为 18 A），判断空预器内部出现剐蹭，转子卡涩导致减速机耦合器迅速制动降速甩功率。工作人员降负荷更换耦合器易熔塞后正常开启 4B 空预器，消缺完毕。

2. 原因分析

停运前机组负荷维持不变，主电机电流明显摆动偏大，判断空预器内部蓄热元件、密封片出现局部变形，内部卡涩导致转子瞬时减速，耦合器紧急制动导致内部油液升温，易熔塞合金熔化甩油。

3. 处理方法或经过

4B 空预器停运后，更换液力耦合器易熔塞，并重新补加传动油液，后开启 4B 空预器，缺陷消除。

4. 考核情况

考核锅炉本体班。

5. 技术措施或方案

在机组 C 级以上检修中检查、更换液力耦合器易熔塞。

预防措施：

（1）加强液力耦合器传动油品质管理，严格按照产品说明书补加、更换传动油。

（2）加强日常设备检查频次，发现耦合器异常后及时处理。

（3）加强备件质量管理，对于如空预器耦合器等一类易损设备做到至少有合格备件，缩短消缺处理时间。

（4）机组检修或备用期间检查空预器内部蓄热元件及密封片，消除卡涩点。

6. 其他相关资料

无。

7. 附件

无。

3.5 主要辅助设备损坏事件

84 4C磨煤机高速轴轴承损坏事件

1. 事件经过

2001年10月20日16时01分，运行人员监测到4C磨煤机电流突然跳至110 A，于是巡检人员立即赶往现场进行实地查看，同时运行人员紧急停磨并联系检修人员到场。巡检人员赶到后发现4C减速机 #3、#4 轴承外盖油漆已经被烤变色。检修人员到场后打开观察窗首先确认 #3、#4 轴承已烧损。随即办理工作票，解体后检查发现 #3、#4、#5、#6 轴承均已烧损，其中 #3、#4 轴承室已被轴承磨去约 0.5 mm 深并且轴承内套与轴粘连，高速轴齿面严重烧损。

2. 原因分析

（1）从运行电流分析可知：4C磨煤机在10月20日16时之前电流一直在83 A左右正常运行，只是在16时01分突然发生变化电流升至110 A，随后电流降至87 A，1 min 后停磨。通过以上的电流分析可以看出从启磨至16时之前磨的运行情况是正常的，其后才发生了迅速的变化。

（2）油路检查：对减速机的供油管路进行解体检查，其中 #3、#4、#5、#6 轴承以及齿轮轴的供油管路均无油，检查供油总门开度正常，经解体检查发现供油总门被大块油垢堵塞，从而阻断供油，造成了轴承损坏。

3. 处理方法或经过

设备停运后，利用4C磨煤机减速机的备件，#3、#4、#5、#6 轴承以及齿轮轴的供油管路，清洗4C减速机油箱，更换润滑油。消缺工作结束后，设备投运，油路正常，温度及震动值均在允许范围内。

4. 考核情况

考核锅炉车间。

5. 技术措施或方案

（1）改善油的品质，对油站内的油质进行定期滤油和化验。

（2）对油管路进行彻底清理以保证供油管路内壁清洁无杂物。

（3）对减速机 #3、#4、#5、#6 轴承加装温度测点以便能随时监控轴承温度。

（4）定期检查减速机的供油量。

6. 其他相关资料

无。

7. 附件

无。

3.6 其他事件

85 #1至#4锅炉给煤机断煤事件

1. 事件经过

2008年7月28日，平山县短时强降雨，21时，磨煤机班值班人员接到运行人员报告，#2锅炉2C给煤机断煤。值班人员立刻前往现场查看，发现2C给煤机皮带上不落煤，拆开给煤机上方落煤管的观察孔后发现，含有大量水分的原煤粘在落煤管的管壁上，并将落煤管完全堵死。在处理2C给煤机落煤不畅的同时，运行人员发现#1、#2、#3、#4锅炉其他给煤机开始陆续出现断煤现象，遂上报至锅炉车间带班人员，车间带班一方面组织其他班组值班人员帮忙，提醒运行人员密切关注粉仓粉位高度，开启输粉机，防止因断煤影响负荷。另一方面安排加班车，将磨煤机班全体工作人员召回处理问题。7月28日夜雨停，29日15时，各给煤机断煤现象消除。

2. 原因分析

自进入雨季后，连绵的大雨使煤中的水分大量增加，短时强降水将煤场外层原煤全部打湿。大雨之后，原煤潮湿，极易造成原煤结块，堵塞给煤机落煤管，造成磨煤机断煤。特别是#3、#4锅炉，由于设计原因，给煤机落煤管与磨煤机入口并不在一条线上，原本应该垂直的落煤管中间多了一段斜管道，更容易造成堵煤。

3. 处理方法或经过

接到报告后，磨煤机班值班人员立刻疏通煤道。班组其他人员赶到后，每人分一台给煤机，现场蹲守，发生堵塞情况后立刻处理，经过一昼夜的奋战，7月29日15时，堵塞现象消除。2020年7月14日，石家庄市再遇暴雨，而磨煤机班依照习惯提前预防，提前检查，随时检查，随时处理，只有3B给煤机有轻微积煤并被及时处理好，所有给煤机都未发生堵煤现象。

4.考核情况

无。

5.技术措施或方案

（1）在今后遇到雨雪天气时，磨煤机班主动出击，随时检查、监控各给煤机落煤管有无堵塞，发现堵塞现象后及时处理。

（2）与运行人员进行沟通，制定出针对来煤湿度高造成给煤机断煤的应急预案。

（3）与相关人员进行沟通，在煤场上方增加遮雨装置，避免原煤湿度过大，造成落煤不畅。

6.其他相关资料

无。

7.附件

无。

热控篇

4.1 轻伤及以上人身伤害

01 #2 机组日常消缺人员摔伤事件

1. 事件经过

2007 年 3 月 6 日 10 时 20 分，热工车间温度班谢某某、李某某两人在 #2 机 6.5 m 平台整理核对 #2 机组更换的电缆，当工作进行到 2A 小机周围测点时，需要跨过消防水管（直径 65 mm）才能查看校对电缆。当谢某某跨上消防水管（距 6.5 m 地面 0.93 m），脚下滑落，身体失去重心，摔在消防水管上。

2. 原因分析

自我保护意识不强，工作中急于求成。

3. 处理方法或经过

组织员工认真学习该事件处理通报，警示大家，安全是最大的幸福。每一位员工都必须从思想上认识到，要保证人身安全必须做到自己不伤害自己、自己不伤害他人、自己不被他人伤害。

4. 考核情况

此事件构成严重不安全事件（人身），依据《安全考核暂行标准》第 11.6 款规定，统计在热控车间，考核谢某某 300 元；考核热工车间安全员刘某某 300 元；考核热工车间主任 300 元。

5. 技术措施或方案

要求热控车间高度重视班组安全管理，加强对班组组长的管理，加强对各类电动工具使用的安全培训，认真落实"不伤害"准则。

6. 其他相关资料

无。

7. 附件

无。

4.2 停机事件

02 #4 机 CCS 参数整定不当停机事件

1. 事件经过

2000 年 2 月 23 日约 18 时，#4 机组负荷 154 MW 运行，汽包水位为自动模式，机组协调处在"汽机基本"模式。18 时 44 分，负荷突然由 154 MW 降至 141 MW，由于负荷波动，造成汽包水位大幅摆动，运行人员手动进行调整，但仍然无法稳定汽包水位，18 时 52 分，#4 炉汽包水位低保护动作，#4 机组解列。热工人员检查并调整给水自调参数后 #4 机组于 24 日 1 时左右并网运行。

2. 原因分析

（1）#4 机组给水系统自调适应性较差，参数调整不够完善，不能够满足负荷扰动下的自动调节任务是造成本次停机事件的直接原因。

（2）运行人员在自调故障情况下，手动调节能力偏弱，不能够及时稳定汽包水位是造成本次停机事件的次要原因。

3. 处理方法或经过

针对水位震荡曲线，热控人员对 #4 机组给水自调参数进行整定，稳定汽包水位动态特性。

4. 考核情况

按西柏坡电厂（现河北西柏坡发电有限责任公司）经济责任制对热控车间进行考核。

5. 技术措施或方案

（1）对 #4 机组给水自动调节系统进行各负荷、各扰动下的参数整定，使自调系统能够稳定、快速、准确地进行调节控制。

（2）加强对运行人员操作技能的培训，提高机组人员在异常情况下的操作水平。

6. 其他相关资料

无。

7. 附件

无。

03 #4锅炉吸风机调节系统失灵导致机组停运事件

1. 事件经过

2000年2月28日13时，电气检修人员持二种工作票消除4A吸风机液压装置冷却风机振动大缺陷。工作前，运行人员调整运行方式，将#4机组降负荷至190 MW，4A吸风机动叶开度25%，送、吸风机动叶自调投入。14时24分，4A吸风机动叶开度由25%迅速升至100%，14时23分，4A吸风机动叶开度突然关闭，造成炉膛压力升高，炉膛压力高保护动作停炉，#4机组解列。热工人员到场检查发现4A吸风机动叶电动执行机构伺服放大器反馈端子排接线松动，紧固接线后，约18时6分#4机组重新并网运行。

2. 原因分析

4A吸风机动叶电动执行机构由伺服放大器进行闭环控制，当反馈端子排接线松动后，会造成伺服放大器控制输出摆动，从而导致4A吸风机动叶电动执行机构开、关方向摆动，最终炉压高保护动作机组停运。

3. 处理方法或经过

对4A吸风机动叶电动执行机构伺服放大器反馈端子排接线进行紧固，动叶电动执行机构远程开、关动作试验正常。

4. 考核情况

按西柏坡电厂经济责任制对热控车间进行考核。

5. 技术措施或方案

（1）对所有由伺服放大器进行控制的电泵勺管及送风、引风机动叶电动执行机构进行接线检查，消除事故隐患。

（2）规范机组检修工作，对重要设备的检修各级验收要到位。

6. 其他相关资料

无。

7. 附件

无。

04　#4 机 AST 油压开关故障停机事件

1. 事件经过

2000 年 3 月 10 日 9 时，#4 机组负荷 260 MW 运行。约 9 时 28 分，#4 汽轮机所有主汽门、调节气门关闭，#4 机组解列。热工人员到场检查，事故发生时刻 AST 油压开关发出油压低信号（无模拟量指示）。停机后机务人员对汽机油系统进行检查未发现异常情况，热工人员对 AST 油压开关进行了检查，确认压力开关损坏信号误发。热工更换 AST 油压开关，机务人员更换主汽门、中调门油系统滤网后，14 时 55 分 #4 机组重新并网运行。

2. 原因分析

AST 油压开关故障后，DEH 系统挂闸信号消失，DEH 系统将所有主汽门、调节汽门指令置零，机组解列。

3. 处理方法或经过

热工更换 AST 油压开关，机务人员更换主汽门、中调门油系统滤网后，14 时 55 分 #4 机组重新并网运行。

4. 考核情况

按西柏坡电厂经济责任制对热控车间进行考核。

5. 技术措施或方案

（1）利用检修机会对 OPC 油压、AST 油压安装模拟量压力变送器，以便于运行人员进行监视及事故原因分析。

（2）规范检修工作、制定重要设备检修工艺规范及定期更换制度。

6. 其他相关资料

无。

7. 附件

无。

05　#3 机组误停风机直流电源导致停炉分析

1. 事件经过

2003 年 8 月 23 日 14 时 8 分，#3 机组负荷 225 MW，各台风机运行正常，锅炉燃烧正常。电气系统排查故障，14 时 6 分操作人员拉掉 3B 一次风机控制直流，同时，3B 一次风机入口挡板自调切除，前上排 2 台给粉机被切除。几秒后，3B 一次风机控制直流恢复。14 时 8 分操作人员拉掉 3B 送风机直流操作电源，3B 送风机画面显示故障，3B 送风机电流回零，3B 送风机入口挡板自调切除。同时，后中排 4 台给粉机被切除。几秒后，3B 送风机控制直流恢复。但 3B 引风机出、入口挡板已开始关闭，3A、3B 引风机入口动叶自调切除，3B 送风机入口挡板自调切除。14 时 9 分，炉膛压力高保护动作，MFT 发生，#3 炉停炉灭火。

2. 原因分析

电气专业在排查故障原因过程中，拉掉风机控制电源，风机运行信号消失触发 DCS 系统发生 RB（自动减负荷）动作。风机自调回路均切除，挡板联锁关闭，而实际风机并未停止，导致炉膛压力迅速升高，炉压保护动作停炉。

3. 处理方法或经过

电气将两路 3B 一次风机运行状态信号送至 DCS 系统，即 SI7501BR (3B 一次风机油开关合) 和 ZI7501BR（3B 一次风机运行）。SI7501BR 信号联锁 3B 一次风机出、入口挡板动作，ZI7501BR 信号联锁一次风机 RB。

2003 年 8 月 23 日 14 时 6 分，操作人员拉掉 3B 一次风机控制直流，ZI7501BR 从 1 变为 0，一次风机 B 入口挡板调节切手动，一次风机 RB 触发，自动切掉前上排所有给粉机。8 s 后 RB 复位，信号消失。因实际 3B 一次风机未停，SI7501BR 信号一直为 1，所以没有联关 3B 一次风机出、入口挡板。

电气将两路 3B 送风机运行状态信号送至 DCS 系统，即 SI7101BR(3B 送风机油开关合) 和 ZI7101BR(3B 送风机运行)。SI7101BR 信号联锁 3B 送风机出、入口挡板动作，ZI7101BR 信号连锁送风机 RB。

14 时 8 分 44 秒操作人员拉掉 3B 送风机直流操作电源，ZI7101BR 从 1 变为 0，且 3B 送风机运行电流小于 5 A，送风机 RB 触发，3B 送风机入口挡板调节切手动，自动切除后中排所有给粉机，同时联关 3B 引风机入口动叶 30 秒；14 时 8 分 44 秒 RB 复位；因实际 3B 送风机未停，SI7101BR 信号一直为 1，所以没有联关 3B 送风机出、入口挡板。

14时8分58秒炉膛两侧负压偏差大，引风机A、B调节切手动，送风机A挡板调节切手动，在14时09分28秒，炉膛压力达到1.6 kPa，炉膛压力高保护动作，#3炉停炉灭火。

4. 考核情况

无。

5. 技术措施或方案

无。

6. 其他相关资料

无。

7. 附件

无。

06 #6机组除氧器水位高误发信号造成主机停运

1. 事件经过

2007年4月17日，#6机组带500 MW负荷正常运行，8时16分发现四段抽汽至除氧器电动门关闭，6B小机低压进汽电动门关闭，凝结水主调门关闭，发现机侧给水画面中6B小机转速下降至零，6A小机遥控切除，炉侧无法控制，除氧器水位下降至1975 mm，迅速降低#6机组负荷，待除氧器水位恢复正常后，启动电动给水泵。8时18分主汽温快速上升，手动停6B制粉系统，负荷432 MW，主汽温552 ℃，主汽压17.58 MPa，给水流量下降至841 t/h，再热汽温574 ℃，8时20分手动停6E制粉系统，此时负荷405 MW，主汽温559 ℃，再热汽温583 ℃，主汽温上升至563 ℃后开始下降。8时25分负荷383 MW，主汽温下降至522 ℃，8时27分负荷379 MW，启动6E制粉系统，主汽温开始上升，迅速降低各磨煤机出力至106t/h，温度仍快速上升，停6E制粉系统，8时34分#6机组负荷325 MW，主汽温迅速上升至591 ℃，主机打闸。

9时24分#6炉点火成功，9时36分机组做冲车准备，凝汽器水位389 mm低值Ⅱ信号误发，6A凝结水泵掉闸6B凝结水泵不能自投，由于凝汽器水位低Ⅰ值信号无法消除，凝结水泵无法启动，除氧器水位迅速下降，手动停6C电动给水泵，炉灭火。冲6A小机时发现速关阀开不到位。

9时59分炉点火，12时1分#6机组并网，逐渐升负荷至90 MW，12时

8分炉贮水箱水位10.8 m，341-2门开始摆动，12时9分水位快速下降，将341-2气动门关严，水位仍快速下降，为保证炉水循环泵不掉闸，手动提高电泵转速，12时12分电动给水泵掉闸，首出原因为"电泵入口压力低"，炉MFT，#6机组停运。

12时39分炉点火。13时18分炉贮水箱水位显示至最高，341-2气动门反馈显示100%，就地在关位，马上降低给水流量，发现341-1气动门仍打不开，贮水箱水位不见降。此时由于给水泵转速下降，导致高旁后温度升高，保护动作，高旁联关，参数大幅波动，由于害怕冷水进入过热器，继续降低给水流量，13时39分炉给水流量低，MFT。

2. 原因分析

（1）热控除氧器水位高Ⅲ值误发信号，四段抽汽至除氧器电动门关闭，6B小汽机进汽电动门关闭转速下降后至零，凝结水主调门关闭，6A小汽机遥控切除，锅炉无法控制。

（2）除氧器水位高三值信号误发后，6B小机低压进汽门关闭泵转速迅速下降，但速关阀未关，小机没有掉闸RB没有动作，同时由于凝结水主调门关闭导致除氧器水位下降，电泵短时无法开启。致使运行工况发生重大改变，运行人员的操作调整跟不上运行工况变化，使操作调整过程中水煤比失调，造成主汽温度急剧升到591 ℃打闸停机。

（3）除氧器水位高Ⅲ值信号误发是由于电缆没做防干扰处理，电缆接头没包好，铜线裸露在蛇皮管内造成干扰信号误发。

（4）运行人员对超临界机组运行调整特性还未熟练掌握，在特殊工况下造成水煤比失调。

（5）热控凝汽器水位389 mm低值Ⅱ信号误发。

（6）6A小机时速关阀开不到位是信号反馈问题，延误启动时间。

（7）炉贮水箱至疏水器341-2气动门反馈轨道卡，造成该门操作失灵。

（8）炉贮水箱至疏水器341-1气动门反馈杆弯，造成该门操作失控。

3. 处理方法或经过

（1）热控加强做好电缆防干扰处理，并对各逻辑系统进行核查，采取措施防止类似情况的再次发生。

（2）发电部要有针对性地进行培训，掌握好超临界机组运行调整特性。

4. 考核情况

（1）此次事故根源是热控信号误发和门反馈轨道卡及门反馈杆弯引起的，应负主要责任，本次一类障碍统计在热控车间，扣1700元。

（2）发电部应对没有掌握运行调整特性负次要责任，扣1300元。

5. 技术措施或方案

（1）热控车间核查各个DCS机柜电缆单点接地的情况，做好防干扰处理，对各个联锁保护逻辑系统进行梳理，整理清册，利用机组停运期间对重点设备进行专项检查。采取措施防止类似情况的再次发生。

（2）发电部针对性地进行培训，掌握好超临界新投产机组运行的调整特性，做好事故预想、应急处置措施。

6. 其他相关资料

无。

7. 附件

无。

07 #6 机凝汽器热井水位低误发信号造成主机停运事件

1. 事件经过

2007年7月4日51分58秒，#6机组带负荷350 MW正常运行。此时，锅炉突然发MFT停炉信号，首出"全部给水泵掉闸"信号，机组停运。

2. 原因分析

（1）经历史曲线追忆发现凝汽器热井水位低Ⅱ值信号误发（当时低Ⅰ值信号未发），凝汽器热井水位低Ⅱ值信号将联锁停运所有运行的凝结水泵，并且备用泵联启无效，因该信号误发时间较长，致使长时间无凝结水泵运行，凝泵出口压力下降，使得自凝泵出口的给水泵密封水压力降低，所有运行的给水因泵密封水差压低跳闸。

（2）凝汽器热井水位低Ⅱ值信号取自浮球液位开关，为单点测量，输出开关量信号，当实际凝汽器热井水位低时，该开关闭合。后经检查发现，该液位开关误发信号的原因为液位开关进水导致，开关安装在凝汽器下部，由凝汽器上部漏出的水流入电缆汇线槽，经液位开关电缆蛇皮管进入液位开关，引起接点腐蚀短路导致停机。

3. 处理方法或经过

（1）因该液位开关不能立即更换，暂时退出此保护运行。

（2）修改保护控制逻辑，将热井水位低Ⅰ值和低Ⅱ值作为联锁条件。

4. 考核情况

依据公司《安全考核暂行规定》，此事件考核一类障碍（公司内部考核），统计在热控车间。

5. 技术措施或方案

（1）对 #5、#6 机组保护进行核对，进一步强调保护设置的必要性。

（2）对于单测点保护采取测量系统冗余设置，提高可靠性。

（3）车间认真做好设备巡检工作。

6. 其他相关资料

无。

7. 附件

无。

08 #2 机主机轴承温度测点信号干扰造成主机停运事件

1. 事件经过

2007 年 7 月 5 日 14 时 30 分，热工车间温度班接道运行人员联系电话说 #2 机 #4 轴承温度和低压汽封温度均显示异常。温度班人员到现场后发现 #4 瓦处嘘汽严重，无法工作。与运行人员联系后，运行人员调节汽封压力后，#4 瓦处不再嘘汽。温度班两名检修人员将 #4 瓦处的网格板移开，一人蹲在里面，将固定在缸壁上的温度线中间端子盒上的温度线拆下（该端子盒已经被从汽机端盖上流下的凝结水打湿），再接上新的中间端子盒（新的端子盒不再固定到缸壁上）。另一人在上面打手电。15 时 13 分，#2 机组带 230MW 负荷，机组发出"胀差大"停机信号，#2 机组停运。

2. 原因分析

（1）根据当天的胀差动作曲线，胀差在 15 时 11 分 34 秒动作，15 时 19 分停止，期间胀差保护持续动作将近 8 min。胀差保护是模拟量信号，正常的动作曲线是线性的，而此次动作曲线是锯齿形状，是一种非正常的动作曲线，是由干扰引起的。

（2）经调查，当事人在被运行告知停机后，继续更换温度电缆，一直到更换完为止，大约干了 10 min。从曲线显示的胀差保护持续将近 8 min，可以证明当事人误拆胀差保护的接头或者误拽网格板下的胀差电缆，而且在被运行人员告知后继续误拆、误拽是不符合逻辑的。如果只是在被运行人员告知之前误拆、误拽，那么形成的胀差动作曲线不会持续 8 min。可以肯定，此次停机没有人为误拆、误拽原因。

（3）7月4日，温度测点指示出现过问题，温度班在就地接线盒测信号正常。后又到 DCS 间测信号稳定正常，但接好线后指示又不正常，怀疑是计算机板卡有问题。5日上午，程控班张某检查计算机板卡没有问题，就在 DPU 柜上的端子排处，将两根温度线拆开，分别测量其对地电压，均显示为 −39V DC。下午，在现场处理时，温度班就地测量到有 39V DC 电压。对这个电压产生的原因，热工车间分析可能来源有如下几种：#4 轴瓦振动电源电缆；主机喷油电磁阀电缆；主机润滑油低压力开关电缆等。

（4）胀差保护的信号属于电涡流高频信号，容易被其他高频信号干扰，如通信等。就地温度线（本身是毫伏级信号，不会产生电磁场）正常的拆接，不会引起电磁干扰。但由于未知的原因使得该温度线有了 −39V DC 电压，在拆接过程中，瞬时断开、闭合，就会引起闭合回路中电流的快速变化，形成较强的电磁场。电磁场就是一个高频信号。

（5）当事人缺乏相关的知识，在不清楚高电压产生电磁场的情况下，进行拆接温度线工作，致使胀差保护因电磁场干扰动作。当事人持续工作拆接温度线，使得干扰源持续存在，直至工作结束。印证了胀差保护曲线现象的第（1）点分析。

3. 处理方法或经过

（1）热工车间加强培训，使工作人员在熟练掌握所管辖设备技术特性的同时，了解相关专业尤其是保护、自动专业的知识，特别是工作现场带保护的设备在工作前要搞清楚。

（2）在处理类似拆接端子的工作时，工作前要先测量其有无电压，是不是属于正常工作状态。非工作状态时，要报告车间专业，采取有效措施后，再进行具体工作。

4. 考核情况

依据公司《安全考核暂行规定》，此事件考核一类障碍（公司内部考核），统计在热控车间。#2 机组过嘘汽，扣发电部 1000 元。

5. 技术措施或经过

（1）机组运行期间，严禁在距 TSI 测量设备（探头、延长电缆、前置器）2 m 范围内使用可能产生电磁干扰的设备，如手机、对讲机等。

（2）采取技术防范措施，对 TSI 系统易受干扰的延长电缆使用接地的金属穿线管。

（3）延长电缆和探头引线电缆间的接头应加装或完善防水保护套管。

6.其他相关资料

无。

7.附件

无。

09 #1 汽包水位高 III 值机组停运事件

1.事件经过

2009 年 9 月 2 日 9 时 28 分 21 秒，#1 机组处于 ADS 遥控方式，机组负荷为 240MW，上中层给粉机共 15 台给粉机在自动位，此时，相关参数分别为汽包压力 16.7 MPa、主汽压力 15.868 MPa、主气压设定值 16.06 MPa 、汽包水位 16.3 mm。

9 时 28 分 27 秒，运行人员手动改变主气压设定值（在约 7 s 的时间内由 16.06 MPa 降低为 14.45 MPa），由于降幅过大，实际主汽压力较之下降较慢，造成主汽压测量值与给定值的偏差大于 1 MPa，导致锅炉主汽压自调切手动，相继触发切除协调、ADS 自动退出遥控方式。

从 9 时 28 分 28 秒至 9 时 30 分 21 秒锅炉主控为手动运行方式，9 时 30 分 21 秒至 9 时 31 分 5 秒运行人员投入锅炉主控自动，9 时 31 分 5 秒至 9 时 32 分 3 秒又由运行人员切至手动状态，9 时 32 分 3 秒直至机组停运（9 时 41 分 11 秒），锅炉主控一直为手动状态。

在 9 时 28 分 28 秒至 9 时 31 分 30 秒将近 3 min 的时间内，主汽压力下降 3.668 MPa，汽包压力下降近 2 MPa。由于汽包压力下降速度过快，对应的汽包内炉水所需饱和温度也降低，汽化作用增强，炉水内的汽泡数量大大增加，汽水混合物的体积膨胀形成虚假水位，导致汽包水位快速上升，9 时 31 分 30 秒水位与设定偏差大，水位自调切手动。运行人员未及时手动开启汽包事故放水门进行应急调整，9 时 41 分 11 秒汽包水位最终因水位高 III 值 MFT 动作而引发机组停运。在将近 10 min 时间内，水位、主汽压力自调一直处于手动方式，由运行人员手动调整。

2. 原因分析

在主汽压力偏差大导致机组协调退出的初始阶段，由于运行人员手动主气压调整不当（9时29分17秒至9时29的42 s时间内，锅炉主控输出由72.07%降为31.03%，），形成较大的虚假水位进而造成给水自调系统调节不及，汽包水位偏差大后自调切除。此后，主汽压力还一直呈下降趋势，最低值为12.4 MPa，降幅过大的主汽压对水位的影响给操作人员正确判断汽包水位的变化趋势造成障碍，导致在水位自调切除将近10 min的时间内，水位一直居高不下，最后由于水位高Ⅲ值MFT动作而引发机组停运。

汽包水位保护管理不严谨，汽包水位高Ⅱ值事故放水门是处理包水位高事故的重要和迅速的手段，是防水位高炉MFT动作的重要措施，运行规程规定汽包水位高Ⅱ值事故放水应联开，由于运行人员不知道有无汽包水位高Ⅱ值联开事故放水保护，从而造成此次水位事件处理中，对汽包水位高Ⅱ值联开事故放水有依赖性，对水位高造成停炉的后果思想准备不足，认为汽包水位不会高到停炉保护动作，是导致汽包水位高停炉的原因之一。

3. 处理方法或经过

（1）运行人员加强培训学习，做好设备及系统出现故障时的事故预想，提高事故防范及处理能力。

（2）针对 #1 机组投产以来，汽包事故放水门未设计水位高Ⅱ值联锁打开功能，进行逻辑修改并敷设相应的控制线缆增加此联锁功能。

4. 考核情况

此次事件构成甲类一类障碍，统计在发电运行部，生产部在电气、热工、脱硫保护管理上需要进一步加强核对保护投退运行情况及合理性工作，考核1000元。

5. 技术措施或方案

（1）热控车间加强对控制系统及设备的管理工作，进一步优化自动调节系统的调节品质，提高调节系统对恶劣工况的控制能力。

（2）按照国家电力公司《防止电力生产重大事故的二十五项重点要求》中的防止锅炉汽包满水和缺水事故 8.8.4 锅炉水位保护的停退规则，必须严格执行审批制度。8.8.5 汽包锅炉水位保护是锅炉启动的必备条件之一，水位保护不完整严禁启动。说明了汽包水位保护管理的重要性和严肃性。

（3）汽包水位高Ⅱ值联开事故放水门是汽包水位保护的重要部分，运行规程规定汽包水位高Ⅱ值事故放水应联开，但实际上从投产到现在根本无此联锁，运行认为有此联锁，说明汽包水位保护管理不严谨，各级技术管理还有漏洞。建议生产部、热工和发电部共同制定机组保护投入清单供员工学习并备案。运行中严格执行保护投退制度和设备异动制度。

6. 其他相关资料

无。

7. 附件

无。

10 2A 一次风机入口挡板故障机组停运事件

1. 事件经过

2009 年 9 月 13 日 14 时 23 分 18 秒，#2 机组 A 一次风机出口风压由 3.2 kPa 摆动至 2.09 kPa，2A 一次风机电流由 54 A 摆至 38 A；在 14 时 23 分至 14 时 36 分的 12 min 内，#2 炉一次风压发生类似的摆动共 4 次，均由一次风压自调系统将其调整至给定值 3.19 kPa，保证了一次风压正常。

14 时 36 分 35 秒，运行人员将 2A 一次风机入口挡板调节切为手动，14 时 36 分 36 秒，将 2B 一次风机入口挡板调节切为手动，对 #2 炉一次风压进行手动调节。

14 时 36 分 59 至 14 时 37 分 27 秒、#2 炉一次风压突降（由 3.2 kPa 至 1.01 kPa），#2 炉主汽压由 16.24 MPa 连续下降，最低降至 15.04 MPa，致使汽包水位快速上升。当汽包水位达到 119 mm 时，2A、2B 小机在 14 时 38 时 29 分切至手动，之后由运行人员手动干预。14 时 38 分 30 秒，一次风压再次突升（由 1.01 kPa 升至 3.5 kPa）。14 时 38 分 31 秒，由就地电接点水位计所监测的汽包水位高 II 值逻辑触发，联锁汽包事故放水门打开，至 14 时 38 分 57 秒，二道门开到最大并持续近 11 s（开门的过程中汽包水位已经快速下降，二道门离开开位时水位已降至 −94 mm）。之后事故放水门由开转关动作，14 时 39 分 39 秒，二道门关到位，此时刻的水位模拟量值已达 −300 mm，期间运行人员手动干预关闭事故放水门，手动增加了 A、B 小机输出指令，且开启电动给水泵，但不足以抑制由于事故放水门动作造成的水位快速下降趋势，14 时 39 分 53 秒汽包水位低 III 值触发 MFT 动作，机组停运。

2. 原因分析

（1）#2 机组停运前近 16 min 内，一次风压和 A 一次风机电流出现的数次波动现象，表明 2A 一次风机入口挡板执行器发生故障。2A 挡板执行器异常造成一次风压的数次波动后，运行人员切至手动控制。调节系统切手动后，由A侧执行器故障造成的一次风压波动再次发生，因此时该调节系统处于手动调节状态，相对于自动状态而言，存在调节相对滞后的状况，B侧不能快速参与调节抑制下跌，造成此次一次风压降幅更大（最低值为 1.01 kPa）。一次风压过低，送粉能力也随之减弱，锅炉燃烧弱化，造成主汽压力降幅较大，水位快速升高导致自调切除，随后水位继续升高至高 II 值逻辑触发，汽包事故放水门动作。放水门从动作—打开—关严用时近 69 s，造成水位快速下降。期间运行人员虽然手动干预了事故放水门的动作，手动增加了 A、B 小机输出指令，但仍然抑制不住由于事故放水门动作造成的水位快速下降趋势，导致汽包水位低 III 值动作触发 MFT，机组停运。

（2）2A 一次风机入口挡板执行器的故障是此次事件的诱因，由于未能及时处理缺陷并采取有效措施尽量防止故障范围进一步扩大，造成一次风压过低—主汽压力降低—水位升高—事故放水门动作，且由于事故放水门实际动作持续时间较长，造成水位急剧下降到低 III 值。

3. 处理方法或经过

（1）热控人员更换 2A 一次风机入口挡板执行机构，调试设备恢复一次风挡板远方正常控制。

（2）运行人员加强培训学习，做好设备及系统出现故障时的事故预想，提高事故防范及处理能力。

4. 考核情况

此次事件构成甲类一类障碍，统计在热控车间。

5. 技术措施或方案

（1）热控车间加强对现场重要设备的巡视和检查维护，保持设备处于合格状态。

（2）运行人员发现设备、系统出现异常现象后，根据现场设备情况采取紧急处理措施，尽量预防事故扩大，并第一时间通知检修班组快速到场处理。

（3）生产部牵头组织热控车间、发电部核查汽包水位高 II 值连锁事故放水门相关逻辑，确认是否满足实际情况。

6. 其他相关资料

无。

7. 附件

无。

4.3 降负荷事件

11 #4 机 DEH 系统阀切换过程中负荷大幅波动事件

1. 事件经过

2003 年 2 月 20 日 0 时，#4 机组负荷 200 MW，DEH 处于遥控模式。DEH 由单阀切至顺序阀控制，切换过程中机组负荷大幅波动。

2. 原因分析

DEH 系统阀切换过程中不应投入调压回路。

3. 处理方法或经过

在单/顺序阀切换之前，#4 机组 GV1 因为伺服阀故障处于全关状态，单/顺序阀切换过程中功率回路和调压回路都处于投入状态。GV1 的关闭状态对于功率和调节级压力都有一定的影响，为了能保持功率稳定，其余 5 个门要补偿 GV1 损失的流量，其调节变化行程必然要比正常工况下大。GV1 的关闭状态和单顺序阀切换过程中阀门的大幅度行程，对调节级压力的影响很大，调压回路属于内环快速调节，调节速度快，会使阀门快速动作，并再次反复进行调节，从而在调节中出现发散的阀门摆动，所以造成机组负荷的大幅波动。切除调压回路后进行单/顺序阀切换，此现象消失。

4. 考核情况

无。

5. 技术措施或方案

无。

6. 其他相关资料

单/顺序阀切换的目的是为了提高机组的经济性和快速性，实质是通过喷嘴的节流配汽（单阀控制）和喷嘴配汽（顺序阀控制）的无扰切换，解决变负荷过程中均匀加热与部分负荷经济性的矛盾。单阀方式下，蒸汽通过高压调节阀和喷嘴室，在 360° 全周进入调节级动叶，调节级叶片加热均匀，有效地改善了调节级叶片的应力分配，使机组可以较快改变负荷；但由于所有调节阀均部分开启，节流损失较大。顺序阀方式则是让调节阀按照预先设定的次序逐个开启和关闭，在一个调节阀完全开启之前，另外的调节阀保持关闭状态，蒸汽以部分进汽的形式通过调节阀和喷嘴室，节流损失大大减小，机组运行的热经济性得以明显改善。

7. 附件

无。

12 #4 机组 #2 高主门摆动事件

1. 事件经过

2004 年 10 月 4 日 15 时 30 分，#4 机组 #2 高主门突然大幅度摆动，负荷及主汽压力均产生波动。热控人员到场后检查 DEH 输出指令稳定，#2 高主门的反馈及实际阀门摆动，经确认为 LVDT1 摆动导致，核实接线位置后在 DEH 控制柜内将 LVDT1 接线甩开，#2 高主门稳定在全开位。

2. 原因分析

（1）#2 机组 DEH 系统采用上海新华控制技术（集团）有限公司的控制系统，每个主汽门、高调门、中调门均设计安装 2 路 LVDT 实现阀门开度的反馈测量，同时 2 路 LVDT 反馈值高选后与指令比较，差值通过伺服放大器功率放大后实现阀门的闭环控制。当 LVDT1 向高位摆动值过大超过当前指令值时，闭环控制会导致调门突关，当 LVDT1 向下摆动值低于当前指令值时，闭环控制又会将阀门突然开启，频繁摆动。

（2）LVDT1 接线甩开后，就地测量 LVDT1 线圈阻值，两个次级线圈阻值已不平衡，LVDT1 损坏是造成阀门摆动的直接原因。

3. 处理方法或经过

10 月 5 日约 11 时 30 分在线更换 #4 机组 #2 高主门 LVDT1。

（1）#2 高主门处于全开位，记录该门的 A、P、S 值及 TV2PZ2 值。

（2）在 DEH 控制柜内甩掉 #2 高主门第一路指令接线，在甩开的电缆线上加入 +1.5 V 电池，注意正负端一定要连接正确、牢固，且两端缠绕绝缘胶布，以防短接造成阀门关闭。

（3）观察 #2 高主门运行情况，待稳定后，在 DEH 控制柜内甩开 #2 高主门第二路指令接线，并缠绕绝缘胶布，以防短接造成阀门关闭。

（4）在 DEH 控制柜内甩掉两路 LVDT 接线。

（5）在现场标记原 LVDT 位置及拉杆位置，更换 LVDT1，更换过程中，不要误碰伺服阀指令线，安装完 LVDT 后，检查无误后在控制柜内接入两路 LVDT，分别对两路进行调满，使 TV2PZ1 略小于 TV2PZ2；将拉杆下拉 56.5 mm，调零，使 TV2PZ1 在 0.015 ～ 0.05。

（6）调完后，在全开位置紧固拉杆，观察阀位信号，保证与更换前相同。

（7）恢复第二路指令接线，观察 A、P 值，应在 0.05 附近。

（8）甩开电池，无异常后，再接入第一路指令线，注意正负端要连接正确，观察此时 S 值在应在 0.2 ～ 0.4 V。

更换完成后 #2 高主门控制正常。

4. 考核情况

无。

5. 技术措施或方案

（1）工作应明确工作负责人，由工作负责人统一协调指挥。

（2）#4 机组负荷在 150 MW，退掉 #4 机组机跳炉保护、汽包水位高低保护。

（3）工作前，工作人员应熟悉工作内容，工作负责人检查具备工作条件时，方可开工。

（4）现场作业温度较高，接触高温设备应戴手套，避免烫伤；在工作中注意与阀门动作区域始终保持一定距离，避免挤伤。

（5）机组正常运行，注意不要误碰其他设备。

（6）处理过程中，如果 #2 高主门突然关闭，同侧调门在开位，蒸汽背压大，有可能会出现 #2 高主门打不开的情况；此时，应将同侧调门调节油压卸掉，使调门关闭，然后加信号打开高主门，恢复同侧调门油压，开启调门。

（7）由于本次 LVDT 更换只能进行粗调，待停机检修时，应重新对该 LVDT 零位及满度进行调整，并对 OFFSET 进行调整。

6. 其他相关资料

无。

7. 附件

无。

13 #1 机组 DEH 系统 OPC 保护误动事件

1. 事件经过

2009 年 6 月 5 日 10 时 52 分 8 秒，主蒸汽压力 25.4 MPa，#1 机组 OPC 油压突然下降，DEH 的高调门、中调门全关，造成负荷从 273 MW 降到 47 MW，在 10 时 52 分 10 秒，OPC 油压恢复正常，调门恢复开度，负荷恢复。

2. 原因分析

6 月 5 日，#1 机组 UPS 电压不稳（过低，达到 110 VAC），UPS 电源切换为保安电源过程中，扩展并网信号的继电器瞬间失电，此时 DEH 接收的并网信号也会瞬间丢失，所以 OPC 动作，OPC 卡件上动作灯亮。

3. 处理方法或经过

OPC 在两种情况下会动作：一是"转速 $n>3090$（103% 超速）"，通过追忆，此信号没有发生；二是脱网"甩负荷防超速保护"，追忆脱网并没有发生。

并网信号为电气系统送两接点到保护系统的 SCS01 柜，通过继电器扩展后分别送 FSSS 系统、光子牌和 DEH 系统。扩展用继电器的电源由 DEH 电源柜切换后送出。6 月 9 日 #1 机组停备期间试验，DEH 电源切换为 UPS 优先，在试验中当停 UPS 和送 UPS 时，扩展并网信号继电器会瞬间失电，此时 DEH 接收的并网信号也会瞬间丢失，OPC 动作，OPC 卡件上的动作灯亮。由于动作时间过短，DEH 系统并未记录下并网信号丢失和 OPC 动作。

4. 考核情况

无。

5. 技术措施或方案

无。

6. 其他相关资料

无。

7. 附件

无。

5 除尘篇

5.1 轻伤及以上人身伤害事件

01 叉车搬运铁板滑落伤人事件

1. 事件经过

2001年6月11日，当事人李某，时任本体班班长，在除尘一单元动力泵房门前指挥叉车叉运铁板过程中，因铁板叠摆张数较多而实际工作需要3张，在司机挑起3张铁板一角后，李某用脚塞入支撑物时，铁板突然滑落砸伤右脚大踇趾，后经公司救护车送至河北医科大学第三医院（简称"省三院"）进行治疗，手术后右脚大踇趾截肢三分之一。

2. 原因分析

李某身为班长，严重违反《电业安全工作规程》3.6.1.5条和16.5.8条规定，应采取措施防止被撬物倾倒或滚落，正确使用撬杠并保证其强度和嵌套深度满足要求，以防折断或滑脱来进行此项作业。在实际工作中李某却错误地用肢体替代了工具，是本次人身伤害事件的主要原因。该事件暴露出个别员工在工作中怕麻烦，安全意识淡薄，没有深刻领会"三不伤害"措施，没有做好此项工作的防范措施，没有正确地使用工具。

3. 处理方法或经过

无。

4. 考核情况

本人未提出工伤申请，休病假按规定考核。

5. 技术措施或方案

（1）全车间进行安全整顿，特别针对小现场作业制定安全措施。

（2）组织车间全体职工接受安全培训，重新进行安规考试，提高员工现场作业安全意识。

（3）利用班前、班后会重点强调现场作业风险，提高作业人员防风险意识。

6. 其他相关资料

无。

7. 附件

无。

02　泵体拆装挤伤手指事件

1. 事件经过

2002 年 8 月 11 日 10 时，当事人南某，时任泵二班技术员，在车间一单元 #21 动力泵大修安装中段导叶就位时，左手小指指尖不慎被夹在导叶与泵壳之间，当场造成左手小指尖"骨肉分离"，后被送至省三院接受治疗。

2. 原因分析

（1）南某在工作中没有采取可靠的防护措施（没有戴手套，中段导叶自重十多千克），安装过程中产生了麻痹大意的思想。

（2）违反了《电业安全工作规程》10.2.1 条，在起吊时间内，严禁工作人员将头部或手伸入接合面之间。

（3）没有正确使用起吊工具。

3. 处理方法或经过

无。

4. 考核情况

本人未申请工伤，病假休息按制度考核。

5. 技术措施或方案

工作前班组制定可靠的起吊方案，作业人员在工作中认真履行。

班组成员做到作业风险相互提醒，相互协作，保证"三不伤害"制度正确执行。

车间管理人员加强对工作票的审核及现场监督，保障安全生产。

6. 其他相关资料

无。

7. 附件

无。

5.2 停机事件

03 #2机组停运事故

1.事件经过

2008年5月31日7时50分26秒，#2炉炉压高保护动作，MFT动作，机组停运，保护动作正确。在恢复系统，锅炉点火过程中，发现吸风机出口正压，机壳有大量烟气冒出，联系除尘查脱硫旁路烟气挡板，发现上、下两组挡板均在关位。

2.原因分析

（1）#2炉旁路烟气挡板误关。经查，5月31日5时26分，锅炉车间风机班班长蔡某某发送"#2炉脱硫增压风机揭大盖"工作票，除尘车间运行五班6时联系单元长对#2增压风机停电，7时确认已经停电。7时41分，除尘车间运行五班班长宋某某误将#2炉旁路烟气上挡板关闭，导致锅炉炉压升高。

（2）下挡板远方显示与设备实际工作状态不对应。#2炉停运后，经查旁路烟气挡板1（上挡板）上位机显示关闭状态，就地实际位置也是关闭状态。而旁路下挡板2（下挡板）上位机显示为全开状态，就地执行机构指示显示为全开状态，但内部实际位置为全关状态。

（3）技术管理不到位。单元脱硫系统为防止旁路挡板误动的误操作，从试运期间开始，就将挡板执行机构接线拆除，保持挡板全开状态，相关联锁保护也未投入。2008年5月初，一期脱硫系统需要电研所做脱硫性能试验（后评估），生产技术部要求将2台脱硫烟气旁路挡板恢复正常。5月15日，生产技术部郑某某通知做#1炉旁路挡板试验，遂联系热工，将信号恢复正常。因主机启动，未做开关试验。5月21日，生产技术部郑某某通知除尘车间做#2炉旁路挡板试验，联系热工将信号恢复正常，传动试验正常（当时主机停运），但未核对实际内部开关状态。对旁路挡板的底数，一直到事故前，除尘车间、锅炉车间以及生产技术部都未掌握，没有利用挡板试验机会摸清设备实际状态底数，留下了安全隐患。

3. 处理方法或经过

开机前锅炉正压原因未查清，开机过程中发现引风机出口正压，机壳有大量烟气冒出，联系除尘查脱硫旁路烟气挡板，发现上、下两组挡板均在关位，随即打开旁路上下挡板。

4. 考核情况

#2 机组停运构成非计划停运 1 次，按照《电业生产事故调查规程》第 2.3.3.7 款规定，该事件构成甲类一般设备事故，统计在除尘车间。

（1）扣除尘车间 1 个月奖金。

（2）除尘运行五班班长宋某某下岗 6 个月。下岗时间从 2008 年 6 月 6 日起到 2008 年 12 月 6 日止。

（3）除尘车间主任杜某某、副主任张某某、脱硫专责王某某负运行管理和技术管理责任，各加扣 1 个月奖金。

（4）扣生产技术部主任张某某、郑某某各 1 个月奖金，扣焦某某 500 元。

（5）扣锅炉车间副主任段某某 300 元，专责曲某 500 元，风机班班长蔡某某 800 元，风机班 1000 元。

5. 技术措施或方案

（1）除尘车间对公司所有脱硫系统旁路烟气挡板采取停电措施。配合热控车间、厂家于 6 月 15 日前完成所有脱硫系统的控制逻辑、连锁与保护的修正与完善工作后再投入带电运行。

（2）除尘车间立即开展为期一个月的安全整顿，加强对工作人员安全教育，提高其安全意识；加强运行管理，重新梳理运行管理工作，对薄弱环节进行整改；加强对专业管理人员和运行人员的业务知识培训，提高其专业技术能力。

除尘车间在通报下发后，将车间安全整顿措施报安全监察部备案。

除尘车间填写不合格、纠正、预防措施报告单交安全监察部。

（3）一期脱硫于 6 月 15 日前消除系统所有缺陷，通过省环保复查。

（4）针对这次事故暴露出的问题，生产技术部、锅炉车间要高度重视脱硫工作，加强技术管理和设备管理工作，进行一个月的安全整顿。生产技术部利用 #2 脱硫系统检修的机会，对一期脱硫系统的基建遗留问题、备品备件问题、控制系统问题、图纸资料问题进行全面排查，6 月 20 日前拿出专项报告和整改措施。锅炉车间于 6 月 15 日前完成所有脱硫系统的旁路烟气挡板的现场标识完善工作。

生产技术部、锅炉车间在通报下发后，将安全整顿措施报安全监察部备案。

（5）对 #1 炉旁路烟气挡板底数，责成生产技术部、除尘车间和锅炉车间拿出排查方案，在未进行排查之前，除尘车间要采取措施，严禁对旁路烟气挡板进行操作，所采取措施报生产技术部审批。

（6）各单位要举一反三，迅速对车间所辖设备进行摸排，不留空白点，在 6 月 30 日前将摸排情况书面报告生产技术部，生产技术部负责设备底数排查工作。

6. 其他相关资料

无。

7. 附件

无。

04 #1 电袋除尘器堵灰严重造成 #1 机停机事件

1. 事件经过

2009 年 11 月底，#1 机电除尘器大修完毕，改造为电袋复合除尘器，在开机试运过程中，气力输灰仓泵没有调试好，输灰不畅，造成灰斗积灰，打开灰斗上部人孔门检查发现，灰斗已经满灰。12 月 3 日 23 时 58 分，#1 电袋除尘器堵灰严重，#1 机被迫停运。8 日 4 时 45 分，清灰结束转备用。10 日 23 时，#1 炉点火，11 日 5 时 55 分 #1 机并网。

2. 原因分析

（1）#1 机电除尘器改造由同方股份有限公司（简称"清华同方"）总包，总包方清华同方又将 #1 机气力输灰系统改造分包给南京艾尔康威物料输送系统有限公司，而南京艾尔康威物料输送系统有限公司没有做过电厂气力输灰，#1 机气力输灰系统改造工期滞后，没有时间调试就仓促投运，输灰不畅，造成灰斗积灰严重。

（2）除尘车间对总包方分包 #1 机气力输灰系统把关不严，监护不到位。

3. 处理方法或经过

发电部除尘运行人员和除尘车间在 #1 机气力输灰系统试运过程中全力配合厂家试运，但由于设计、设备、调试等方面存在缺陷，输灰不畅问题一直没有得到解决，造成灰斗积灰严重。

4. 考核情况

此次事件构成一类障碍，统计在除尘车间。

5. 技术措施或方案

总包方清华同方调研后对 #1 机气力输灰系统仓泵进行改进，由上引式改为下引式，并增加一条输灰管线，情况略微好转，后续除尘车间又将仓泵进料阀改为圆顶阀，才能够运行。直到现在 #1 机气力输灰系统缺陷偏多，运行不稳定，有待进一步改进。

6. 其他相关资料

无。

7. 附件

无。

5.3 其他事件

05 #3 干灰仓泵储气罐安全阀延误事件

1.事件经过

6月10日，除尘车间运行五班沈某某现场巡查发现#3炉仓泵气源储气罐安全阀（此阀在今年1月份#3机组A级检修中就因为泄漏外送调校）误动，遂电话联系设备责任班组本体班班长陈某某处理。因不具备安全阀维修调校资质且无备品替换，后又上报车间邓某某。6月11日，除尘车间在班长例会安排检修专责邓某某负责联系生产部专业专工协调处理。6月17日，本体班上报安全阀领用计划；6月23日，车间专工通过此计划；6月25日，车间主任通过此计划；7月10日，生产部专工通过此计划；7月13日，锅炉点检员王某某在设备点检中发现#3炉仓泵气源储气罐安全阀泄漏严重，联系除尘车间点检员张某某，并录入缺陷。7月24日，生产部主任通过此计划；7月27日，朱某某批复通过此计划。8月7日，安全阀到货入物资公司仓库。8月10日仓库保管员郎某某通知陈某某验货领料。8月13日班长陈某某领料后休假未安排、交接安全门和缺陷情况。

8月25日，公司领导徐某某现场巡视设备，发现#3炉仓泵气源储气罐安全阀严重泄漏，通知除尘车间主任杜某某。8月25日，本体班副班长仇某某在班组仓库找到此阀，验货发现安全阀只有出厂合格证，没有阀门校验报告，遂通知物资公司联系厂家运回校验，要求出具安全阀校验报告。8月27日，公司领导徐某某现场设备巡视，发现#3炉仓泵气源储气罐安全阀还在泄漏，经了解该安全阀泄漏已两个多月，便对此提出严肃批评，除尘运行人员才录入缺陷。8月28日，厂家送回经校验的安全阀，本体班现场更换，消除#3炉仓泵气源储气罐安全阀误动缺陷。

2. 原因分析

（1）除尘运行人员、检修人员、点检员未认真执行《设备缺陷管理规定》，除尘专业工作人员不严格执行《设备缺陷管理规定》，缺陷管理混乱，造成有缺陷不录入，录入缺陷不处理并弄虚作假、擅自注销的混乱局面。

6月10日，除尘车间设备点检员以及运行五班沈某某发现设备缺陷而未录入，该缺陷是由锅炉点检员王某某于7月13日录入，并就此问题联系了除尘车间点检员。锅炉点检员王某某7月13日录入缺陷后，除尘本体班检修人员许某某于7月17日严重违反《设备缺陷管理规定》，在明知该缺陷没有采取任何措施，也没进行任何处理的情况下填写了消缺报告，注明已更换阀门、恢复运行。除尘运行人员刘某某在明知该缺陷没有采取任何措施，也没进行任何处理的情况下，于7月17日严重违反《设备缺陷管理规定》验收并注销该缺陷。

（2）除尘检修人员缺乏责任心。检修人员发现设备存在缺陷后，不采取任何措施，直接造成设备长期带病运行、空压机负荷过重并且浪费大量电力和气源。

除尘车间本体班在得知安全阀泄漏后，不采取任何措施，也没进行任何处理，不负责任地任其发展，完全误有设备主人的责任。除尘车间本体班班长陈某某在8月13日安全门领料后，未按要求进行验收，并且在休假前未安排安全门消缺。直到8月25日受到公司领导严厉批评后，本体班副班长仇某某在班组仓库找到此阀，才安排安全阀校验。

（3）生产技术部除尘专业技术管理不到位。设备管理专工监督、检查不到位，执行《设备缺陷管理规定》考核制度不力，造成除尘车间缺陷管理混乱。除尘专业专工对车间反映的问题采取措施不力，发现设备存在缺陷而未积极采取措施，审批材料计划不及时，造成设备长期带病运行。生产技术部领导审批材料计划不及时，也是造成设备长期带病运行的原因之一。

3. 处理方法或经过

除尘运行人员发现 #3 干灰仓泵储气罐安全阀泄漏虽联系检修处理但未录入缺陷，锅炉点检员发现 #3 干灰仓泵储气罐安全阀泄漏后录入缺陷并通知除尘点检员，除尘运行人员在检修要求消缺时未到现场查看缺陷处理情况便盲目消缺，导致此缺陷持续两个月后在公司领导督促下才被消除。

4. 考核情况

（1）除尘运行及点检员严重违反《设备缺陷管理标准》规定，有缺陷不录入，并在明知缺陷未处理的情况下擅自注销。在缺陷考核中对运行责任人和点检员各扣 200 元。

（2）除尘本体班设备管理不负责任，备品配件验收、缺陷管理不严格执行有关管理制度，有章不循，漏洞百出。缺陷未处理擅自填写消缺报告并注销缺陷，在缺陷考核中对班长、副班长以及责任人各扣 200 元。从 8 月 10 日物资通知本体班安全门到货，到 8 月 28 日缺陷注销，按延期处理缺陷加倍考核。

（3）除尘车间设备管理不善，备品配件、缺陷管理不严格执行有关管理制度。在缺陷考核中对除尘车间主任杜某某扣 300 元、副主任张某某扣 200 元、管理专工邓某某扣 200 元。

除尘车间违反《公司绩效考核办法》第 7.5C1-5 条：发生电、水、油、汽、气、材料或备件等资源的随意浪费或污染的现象。扣 0.5 分。

除尘车间违反《公司绩效考核办法》第 7.5A2-2 条：违反公司各类有关生产管理的程序、标准、规程、规定、措施、预案等规章制度。扣 300 元。

（4）生产技术部违反《公司绩效考核办法》第 7.5A2-2 条：违反公司各类有关生产管理的程序、标准、规程、规定、措施、预案等规章制度。扣 300 元。

生产技术部未严格执行《设备缺陷管理标准》，对造成该缺陷长期未得到处理负有一定责任，在缺陷考核中扣生产技术部副主任靳某某 100 元；设备管理专工彭某某 100 元；除尘专工赵某某 200 元。

5. 技术措施或方案

（1）运行人员认真执行缺陷管理制度，发现设备问题及时联系检修人员并录入缺陷。

（2）检修人员要认真对待设备缺陷，有缺陷及早处理，不能推诿。

（3）除尘车间安排专门时间对设备缺陷管理工作进行整顿，找出问题所在，按照贯标程序要求，制订并执行纠正和预防措施，严格落实《设备缺陷管理标准》，防止类似事件再次发生（整顿工作安排和总结报安全监察部）。

（4）生产技术部内部整顿要加强对设备的管理，严格执行备品配件审批制度，优化材料、备品配件审批流程，尽可能缩短审批所用时间。

6. 其他相关资料

无。

7. 附件

无。

6 燃料篇

6.1 轻伤及以上人身伤害事件

01 焦某某被铁皮砸伤事件

1. 事件经过

2004年2月27日14时50分，推煤机班佟某某、李某在本班材料库取铁板做架子，正好焦某某来送水便顺便帮忙。15时，焦某某在材料库门口内侧、李某在外侧扶铁板，佟某某向外抽铁板。在抽的过程中，17张1 mm标准铁板向外斜倒，焦某某躲闪不及，造成右小腿骨折。

2. 原因分析

（1）违章作业，在抽铁板时，未做好防范措施。

（2）仓库物品存放不规范，17张1 mm标准铁板，既没有存放在货架上，又没有做好防止铁板倾倒的措施。

3. 处理方法或经过

无。

4. 考核情况

（1）佟某某在人员较少的情况下，违章作业，未做到"三不伤害"造成他人受伤，负主要责任。推煤机班李某作为本班材料员，没有按照仓库要求放置本班的铁板。对本仓库管理没有尽到责任。在工作期间，未做到"三不伤害"造成他人受伤，负次要责任。推煤机班班长张某某，在安排工作时，没有同时布置防范措施，负直接领导责任。

扣佟某某全年"安全目标奖金"1000元；扣李某两个季度"安全目标奖金"400元；扣张某某两个季度"安全目标奖金"650元；为了让工作人员深刻吸取教训、引以为戒，扣事故班组其他员工两个月"安全目标奖金"各150元。

（2）燃料公司经理、检修副经理、安全专工、检修专工对这起事故应负有不可推卸的领导责任。

扣燃料公司经理"当月奖金"400元；扣燃料公司检修经理"当月奖金"500元；扣燃料公司安全员"当月奖金"400元；扣检修专工"当月奖金"200元。

5. 技术措施或方案

（1）推煤机班要进行安全整顿，严格执行"三票三制"，加强落实各项规章制度，逐项落实"三不放过"原则。

（2）推煤机班要将本班铁板安全放置在铁板架子上。

（3）对机械工作和车辆运行管理应加强安全意识，举一反三。

（4）各班要认真学习相关专业规章制度，开展自查，吸取教训，引以为戒。

6. 其他相关资料

无。

7. 附件

无。

6.2 主要附属设备损坏事件

02 8PA皮带磨断事故分析

1.事件经过

2003年8月18日，运行四班后夜。8P双路运行上煤。班长刘某某在集控室值班，郝某某在8PA值班，景某某在8PB值班。5时20分，郝某某分别向8PA的#1仓、#3仓、#5仓上煤。5时45分，#5仓满。郝某某启动9#犁煤器时不动作，使5#仓的煤向外溢出，落在回程皮带上，回程皮带行走将溢煤挤在#7犁煤器支架与回程皮带之间，把8PA皮带挤死，导致其不能旋转。之后头部滚筒自转将8PA皮带磨断。

2.原因分析

（1）8PA皮带被挤死不能行走大约持续了46 s，7P皮带落煤筒的煤满并向外溢出，7P值班员张某某拉拉线停机。

（2）8PA值班员郝某某发现#5仓满并启动#9犁煤器不动作时，未及时拉拉线停机，造成8PA皮带被挤死不能旋转，使头部滚筒自转将8PA皮带磨断。

3.处理方法或经过

无。

4.考核情况

根据河北西柏坡发电有限公司（简称"西电公司"）异常统计标准第66条规定"输煤皮带积煤或跑煤造成电机过载影响皮带正常运行"和第68条规定"输煤皮带划破，不超过20米"，此次皮带磨断已构成人为责任异常。根据西电公司安全目标考核办法处罚运行四班1000元。

5. 技术措施或方案

无。

6. 其他相关资料

无。

7. 附件

无。

03   #4 翻车机车皮出轨事件

1. 事件经过

2008年1月8日1时38分，燃料三期运行二班用 #4 翻车机"程控"运行卸车。在拨车机牵引第八节车时，翻车机平台抬起（约2°），致使轨道上偏，此时拨车机牵车运行，造成第七节空车皮两前轮向北侧出轨，第八节重车皮两前轮向南侧出轨。事故发生后，运行人员立即汇报公司相关领导，及时进行了车轮复位工作。确认设备正常后于8日17时恢复运行。

2. 原因分析

（1）原厂家设计 #4 翻车机程控程序为"翻车机在程控运行中，翻车机平台到0位后发出信号，满足拨车机牵车行走条件，拨车机运行，此时平台不论有无0位信号，均显示翻车机在0位"，从而造成车皮出轨，此为厂家程序设计缺陷，属于特殊情况，非人为原因。

（2）#4 翻车机卸车中，制动器抱闸内可能落进煤粒，使制动器松动，造成平台抬起，车轨移位（后经试验制动器抱闸未发现抱不紧现象）。

3. 处理方法或经过

无。

4. 考核情况

此次出轨原因是厂家程序设计缺陷所致，属于特殊情况，非人为原因。因此免经济处罚。

5. 技术措施或方案

（1）修改 #4 翻车机控制程序为"翻车机0位信号消失后，拨车机不能牵车行走"（已于1月9日修改完成）。

（2）在 #4 翻车机制动器抱闸上加装保护罩，防止异物进入（近期完成）。

（3）运行扶钩人员加强对设备运行情况的监视。

6. 其他相关资料

无。

7. 附件

无。

6.3 其他事件

04 燃料公司使用吊栏高处作业不安全事件

1. 事件经过

2001 年 11 月 6 日 16 时左右，燃料公司在进行 #1 翻车机检修工作中，燃料公司机械班李某某、朗某某、陈某、范某某四人使用吊栏违章进行高处作业，严重危及作业人员的人身安全，被前往检查的安监人员发现并及时制止。

2. 原因分析

（1）燃料公司有关领导、安全员及个别工作人员安全意识淡薄，在工作中存在图省事、怕麻烦的思想，违反《电业安全工作规程》（热力和机械部分）第 581 条，"高处作业均须先搭建脚手架或采取防止坠落措施，方可进行"。

（2）天车司机范某某用天车将吊栏及工作人员吊离地面，违反《安规》第 123 条 "禁止用吊斗、抓斗载运人员或工具" 和第 685 条 "禁止工作人员利用吊钩来上升或下降"。

（3）工作人员李某某、朗某某、陈某在吊栏内工作，违反《安规》第 623 条 "使用吊栏工作时，应使用安全带，安全带应拴在建筑物的可靠处所"。

（4）工作负责人李某某在填写 "安全作业措施票" 时，未明确指出工作中禁止使用吊栏进行高处作业，致使检修作业现场安全措施失控。

3. 处理措施或方案

无。

4. 考核情况

（1）取消工作负责人李某某工作负责人资格并扣奖 1000 元。

（2）暂停天车司机范某某操作天车资格并扣奖 1200 元，待其重新考试后再恢复操作天车资格。

（3）朗某某、陈某各扣奖 1000 元。

（4）燃料公司管理层负有管理不到位的责任，对此，扣燃料公司经理、副经理、支部书记、安全员各 500 元。

（5）李某某、朗某某、陈某、范某某四人从 11 月 8 日起到安监报到，下岗学习《安规》，接受安全教育，经考试合格后再行上岗。

5. 处理措施或方案

无。

6. 其他相关资料

无。

7. 附件

无。

05 5C 给煤机出口堵塞事件

1. 事件经过

2007 年 3 月 21 日 14 时 4 分，运行报告 5C 给煤机给煤量出现严重下滑且磨煤机剧烈振动，14 时 24 分 5C 给煤机停运。

经检查发现，5C 给煤机出口编织袋、塑料抑尘网、尼龙网等杂物堵塞下煤口造成给煤机断煤，磨煤机内无原煤碾磨造成磨辊和衬瓦接触从而导致磨煤机振动。

2. 原因分析

造成此次事件的原因是编织袋、塑料抑尘网、尼龙网等杂物通过输煤系统，进入原煤仓堵塞给煤机出口，导致磨煤机内无原煤碾磨停运。

编织袋的来源：掩塞漏煤的车皮人孔门的编织袋在翻卸过程中掉落，进入输煤系统。

塑料抑尘网的来源：煤场苫盖被掩埋和破碎的塑料抑尘网在斗轮机取料作业时进入输煤系统。

尼龙网的来源：火车来煤中夹杂，翻卸后进入输煤系统。

3. 处理方法或经过

3 月 21 日 15 时 6 分，工作人员锅炉进行检修，将给煤机入口下煤口处被编织袋、塑料抑尘网和尼龙网等杂物清理完毕，设备恢复运行。

4. 考核情况

无。

5. 技术措施或方案

（1）燃料物资部协调火车来煤，采用其他方式密封车皮人孔门。

（2）发电运行部对清煤队加强管理，及时清除翻卸到煤篦子上的编织袋、尼龙网等杂物。

（3）发电运行部运行人员加强设备巡视，及时发现和清除皮带上的编织袋、塑料抑尘网、尼龙网等杂物。

（4）发电运行部加强对运行人员的培训教育工作，提高运行人员的设备安全意识，使其做好杂物清运的监督工作。

（5）发电运行部运行人员在煤场取煤作业前，检查作业区域，及时发现和联系、督促燃料车间清除破碎的塑料抑尘网。

（6）燃料车间加强煤场巡视，加强对煤场苫盖人员的管理，将其及时清理煤场苫盖塑料抑尘网。

（7）燃料车间加强对现场保洁人员的培训教育工作，提高保洁人员的设备安全意识，明确保洁人员清运杂物的路线、时间，将其做好监督工作。

（8）发电运行部运行人员增加清理钩齿机的次数，每班每次上完煤后都要清理，及时清除掉落到下级皮带的杂物。

（9）燃料车间管理的保洁人员及时清理钩齿机的杂物箱内杂物，避免杂物箱内杂物二次进入下级皮带。

（10）推煤作业时，燃料车间组织煤场苫盖人员配合做好清理煤场破碎塑料抑尘网的工作。

6. 其他相关资料

无。

7. 附件

无。

7 化学修缮篇

01 一公司循环水系统更换硫酸管道时硫酸伤人事件

1. 事件经过

2000年6月18日14时许,发电部化学检修班张某、李某、刘某,办理了循环水系统硫酸管道更换工作票。汽机车间焊工班某某某协助工作。检修人员将被更换的管道切割完毕进行氮气置换过程中,汽机车间焊工班某某某被从管道内吹出的酸雾溅到眼内。事件发生后,现场人员马上用大量的清水对焊工某某某的眼部进行冲洗,并联系救护车将其送至河北医科大学第二医院进行救治。

2. 原因分析

(1)汽机车间焊工某某某对酸管道置换的预期风险没有应对准备,其所处位置为吹管高风险区域,这是导致此次事件的直接原因。

(2)化学检修人员在切割完毕进行氮气置换过程中,没有观察到汽机车间焊工某某某处于可能被飞溅的位置,这是导致此次事件的主要原因。

(3)检修人员在工作前没有进行危险点分析和做相关预防性措施,没有对工作人员进行安全告知,这是事件发生的根本原因。

3. 处理措施或方法

无。

4. 考核情况

无。

5. 技术措施或方案

(1)化学专业人员组织全体人员认真学习《电业安全工作规程》中化学部分内容,开展为期一周的专项安全整治。

(2)落实化学专业全体人员劳动防护用品的发放和使用情况,要落实到每一个人。

(3)定期组织危化品应急演练,提高检修人员的安全防护意识。

(4)加强班组危险源分析、安全告知、制定安全措施的安全意识,杜绝此类事件的再次发生。

6. 其他相关资料

无。

7.附件

无。

02 空调漏水造成 #1 机组停运事件

1.事件经过

2003 年 1 月 1 日，制冷站空调运行中班值班员甲接班后，巡视检查运行设备（包括一单元 18 m 机房），无异常。20 时许，接一单元电话，说控制室温度较低。值班员甲到一单元 18 m 空调机房，调整控制室温度后，并检查一单元 18 m 空调机房设备无异常。23 时许，值班员甲检查设备时发现空调系统补水泵连续运转（不停），就到集中空调系统室外管网检查无异常（未检查一、二单元 18 m 空调机房），后回到制冷站，此时，补水泵仍未停止补水。夜班值班员乙接班后巡视检查设备，到一单元 18 m 机房，发现 #1 组合式空调器表冷器泄漏，机房地面严重积水，立即关闭 #1 组合式空调器进出口阀门，通知检修处理。之后得知，因空调器泄漏，积水通过地面渗漏到热工小间控制柜，致使热工小间盘柜内板卡受损，#1 炉停炉。

2.原因分析

（1）值班员巡视检查制度执行不到位。

（2）没有反事故技术措施，空调系统出现异常，靠人员素质解决是不行的。值班员未及时与值长和空调检修联系，造成事故扩大。

（3）一单元 18 m 机房地面有裂缝，未发现、未处理。

3.处理方法或经过

无。

4.考核情况

车间主任负直接领导责任，扣奖 200 元。

车间专责兼安全员负次要责任，扣奖 200 元。

运行值班员甲负主要责任，扣奖 500 元。

5.技术措施或方案

（1）车间制定了反事故技术措施，集中空调循环水系统发生异常时，首先检查一、二单元 18 m 空调机房，树立保主设备的意识。

（2）检查了一单元 18 m 机房五台这种组合式空调器表冷器弯头，更换了减薄的部分弯头，消除了隐患。

（3）加强对空调运行值班员的培训。

6.其他相关资料

无。

7.附件

无。

03　更换 #3 除碳风机电机时员工摔伤事件

1.事件经过

2005 年 7 月 8 日 14 时，发电部化学检修班班长宋某某安排边某某、李某、许某某等三人更换 #3 除碳风机电机。在除碳风机工作平台上，李某从 2 m 高平台上摔落到地面。后由公司救护车送往省三院救治。经诊断，李某左耻骨上下支骨折、左髋臼骨折、左第 5 肋骨折。李某当时自拍头部照显示，其左侧面部肿，左眼黑青。医院出具诊断证明：李某面肌痉挛。

2.原因分析

（1）#3 除碳风机平台距地面 2 m，未设计安全围栏，是发生该事故的主要原因。

（2）李某工作时，天气炎热、身体疲劳、注意力下降，是发生该事故的直接原因。

3.处理方法或经过

（1）发电部制定防止类似事故再次发生的安全措施，并认真落实执行。

（2）严格执行事故调查规程，发生事故后按规定程序上报。

4.考核情况

（1）李某伤害事件事实清楚。按轻伤统计 2005 年发电部 1 次。

（2）扣发电部主任赵某某 1000 元。

（3）扣化学专业主任牛某某 1 个月奖金。

（4）按照安全考核规定，扣发电部安全目标奖 3000 元奖金。

5.技术措施或方案

（1）发电部制定防止类似事故再次发生的安全措施，并认真落实执行。

（2）排查现场安全装置性违章情况，并在规定期限内整改完毕。

（3）高空作业必须佩戴安全带。

6. 其他相关资料

无。

7. 附件

无。

04　西柏坡电厂锅炉吹管事件

1. 事件经过

按照河北西柏坡第二发电有限责任公司工程项目进度计划，依据编制的"蒸汽吹管调试措施"，某电建公司和生产单位配合进行 5 号机组的吹管工作。

该工程于 2006 年 3 月进入分部试运阶段。5 月 14 日 23 时 48 分正式开始蒸汽吹管，至 5 月 17 日 23 时顺利完成了 23 次吹管。5 月 17 日 23 时 52 分，操作人员开启吹管临吹阀，进行第 24 次吹管，23 时 53 分，工作人员听到吹管声音异常，立即关闭吹管临吹阀，23 时 57 分锅炉灭火停炉。经检查发现，位于吹管系统末端的消音器堵板由于焊口开裂被吹落，导致蒸汽吹向化学水化验室，将已封闭的化学水化验室门吹开，高温蒸汽涌入化学水化验室，造成正在化学水实验室进行正常运行、调试、维护的 11 名工作人员灼烫伤，5 人死亡、2 人重伤、4 人轻伤，其中两名重伤人员也于 6 月 9 日和 16 日相继死亡。其中，西柏坡电厂死亡 5 人，调试所死亡 2 人。

2. 原因分析

事故发生后，石家庄市安全生产监督管理局牵头组成事故调查组，并邀请有关方面专家对事故原因进行了认真分析。以下为专家组意见：

（1）调试所制定的"蒸汽吹管调试措施""蒸汽吹管补充措施"符合原电力工业部"火电机组启动蒸汽吹管导则"的要求。

（2）吹管过程中的工艺过程、安全措施可行，吹管过程控制和运行正常并已吹过 23 次。

（3）经现场仔细查看，消音器存在严重缺陷是事故发生的直接原因。

①消音器堵板设计为平板且平板与简体"角焊缝"设计为非焊透结构，设计不合理。

②角焊缝的高度偏小，不符合标准要求。

③角焊缝存在严重的未熔合、未焊透等缺陷。

消音器在长期使用中，由于热疲劳应力的反复作用，致使消音器堵板"角焊缝"缺陷处产生裂纹源，在运行中裂纹源逐渐扩展，造成角焊缝瞬间发生断裂，堵板脱开并被蒸汽吹走，致使高温蒸汽直吹出去，灼烫造成人员伤亡事故。故消音器堵板与筒体结构角焊缝设计不合理、制造工艺不符合有关标准要求，是事故的主要原因。

3. 处理方法或经过

事故发生后，现场有关人员立即报告并拨打了120急救电话。各单位立即启动了事故应急预案，迅速开展救治和现场保护工作。5月18日0时10分，11名受伤人员中的9人被送往河北省平山县人民医院救治（1人于0时30分左右经抢救无效死亡），2人被送往白求恩国际和平医院。为了更好地救治伤员，后将河北省平山县人民医院8名伤员中的6人转送至白求恩国际和平医院、2人转送至石家庄友谊烧伤医院救治。

4. 考核情况

无。

5. 技术措施或方案

（1）施工方、监理方增强安全防范意识，加强对现场风险的辨识和对危险点的分析，做好事故预想。

（2）健全租赁设备合同管理、非标产品质量检验和使用方面的制度。

（3）加强安全教育与训练。管理人员与操作人员必须具备安全生产的基本条件与素质。

（4）落实安全责任、实施责任管理，建立、完善以项目经理为第一责任人的安全生产领导组织，使其承担组织、领导安全生产的责任并建立各级人员的安全生产责任制度，明确各级人员的安全责任，紧抓责任落实、制度落实。

6. 其他相关资料

无。

7. 附件

无。

05　更换前置过滤器反冲洗门时员工滑倒砸伤事件

1. 事件经过

2007年9月12日发电部化学检修一班根据工作需要对#5机组#2（PN）

前置过滤器反冲洗门进行更换，办理工作票和作业安全措施票后，工作人员进入工作现场，高某某将前置过滤器反冲洗蝶阀（蝶阀型号 DN125）拆下后递给许某某，许某某在搬运过程中不慎滑倒，蝶阀将右手小指砸伤（轻微骨裂）。

2. 原因分析

（1）许某某在搬运过程中不慎滑倒是事件发生的直接原因。

（2）在拆前置过滤器反冲洗蝶阀时水流到地面，未及时清理是事件发生的主要原因。

3. 处理方法或经过

（1）发电部化学检修一班上报事件经过和治理方案。

（2）发电部化学检修一班开展为期一周的安全整顿，并按照要求及时上报整顿情况。

4. 考核情况

此事件构成严重不安全事件（人身），依据《安全考核暂行标准》11.6 款规定，提出如下处理意见：

（1）许某某作为工作负责人，作业安全措施票的安全措施分析不全，搬运前未清理地面易滑倒的物体，负主要责任。扣 300 元。

（2）作业安排人班长宋某某，对作业安全措施票安全措施分析不全，未认真审核和补充。扣 500 元并记违章一次。

（3）发电部安全员王某某扣 300 元。

（4）发电部副主任牛某某，作为化学专业安全第一责任者扣 300 元。

5. 技术措施或方案

（1）工作负责人必须完整填写作业安全措施票的危险辨识和安全措施。

（2）作业安排人要认真审查作业安全措施票的危险辨识和安全措施。

（3）作业人员工作时及时清理地面杂物或积水，在搬运前应检查、清理容易造成绊倒或滑倒的现场。

6. 其他相关资料

无。

7. 附件

无。

06 化学硫酸灼伤人身事件

1. 事故经过

2007 年 10 月 27 日前夜班，#2 硫酸计量泵运行，#1 硫酸计量泵备用。17 时 25 分，化学中水临时工魏某某检查发现硫酸系统的隔膜压力表有漏酸现象，遂打电话向中水运行值班人员吴某某和环保技术股份有限公司（简称"北京万邦达"）（三期污水深度处理站工程的总承包单位）服务人员查工汇报，并停运 #2 计量泵。查工电话通知魏某某将压力表下的螺丝拧紧。

17 时 47 分，值班人员吴某某到现场查看漏酸情况，让魏某某开启 #2 计量泵，发现在安全阀和手动阀之间的兰盘处有硫酸喷出，遂又停运 #2 计量泵。吴某某通知化学检修刘某某到现场消缺。

18 时 52 分刘某某到现场，因不开泵看不到漏点，吴某某开 #2 计量泵，刘某某看清漏点后，吴某某将泵停运。刘某某表示一个人处理不了，明天再说。

吴某某打电话向主值王某某汇报后，电话请示班长闫某某如何处理 pH 值高问题。闫某某又和刘某某通了电话后，电话告知吴某某开 #1 泵试一试。

闫某某和吴某某到现场后，准备开 #1 泵查看漏点。吴某某打开 #1 泵出口阀时，泵出口塑料管与法兰连接处断裂，硫酸喷出，造成二人面部灼伤。

2. 原因分析

（1）直接原因

① 10 月 28 日，化学检修对硫酸管道进行逐段检查，发现在石灰加药间内，硫酸管在从室内到室外穿墙前的几字形弯处，管内被杂质堵塞。杂质主要是橡胶颗粒和其他杂质。管道进杂质原因：原系统中的法兰垫采用的是橡胶垫，易被浓硫酸腐蚀，形成颗粒；系统中无滤网，致使橡胶颗粒及硫酸中的杂质进入系统。

②安全阀后的手动阀关闭。化学运行记录没有该阀门的操作记录。

由于上述问题引起硫酸系统憋压，最终导致硫酸计量泵出口塑料管与法兰连接处断裂，引发此次事故。

（2）根本原因

①设备系统问题。硫酸计量泵的选型与系统不匹配，违反了《工业金属管道设计规范》（GB50316—2000）5.1 款"设计条件"中"设计压力确定"的规定。在事故发生前，该系统硫酸计量泵出口管是 PVC 类的塑料管，存在安全隐患。硫酸投加系统安全阀后未设计手动阀，现场安装了手动阀，该手动阀属于违规

安装。系统安装有滤网，在调试期间因发生腐蚀被北京万邦达服务人员拆除，违反设计要求。法兰垫片采用胶皮垫，按规范要求应采用聚四氟乙烯垫片。

②管理问题。对设备系统中存在的问题，监理单位监理不到位，工程部验收不严格。化学运行规程中没有安全阀后的手动阀，与现场设备的实际情况不相符，发电部化学专业在技术管理上存在漏洞。

③人员问题。系统移交生产以来，多次发生加不上药、pH 值高问题。在 9 月 22 日和 10 月 19 日发生过计量泵出口塑料管鼓包、崩裂事件。发电部化学专业没有对此引起高度重视，未对这些明显异常现象进行分析，没有从根本上解决问题，造成设备带病运行。化学专业管理工作存在薄弱环节。

事故发生前，发现系统出现异常情况的运行人员没有认真检查系统，对异常现象没能进行正确分析和判断。化学专业运行人员对系统不熟悉，专业技术能力不足。

4. 考核情况

工程总承包方北京万邦达在系统设计、施工上存在问题，负主要责任，扣北京万邦达 4000 元，并承担系统改造费用。

河北电力建设监理有限责任公司、河北西柏坡第二发电有限责任公司工程部在系统设计、安装和验收上把关不严格，负次要责任，扣河北电力建设监理有限责任公司 2000 元，扣河北西柏坡第二发电有限责任公司工程部张某某、郑某某各 1000 元。

在系统移交生产后，发电部化学专业技术培训不扎实，专业管理工作不到位，中水深度处理运行人员技术能力欠缺，负次要责任，扣发电部化学专业主任牛某某 1000 元，扣发电部化学专业专责张某某 500 元，扣发电部化学专业 1500 元。

5. 技术措施或方案

（1）设备系统整改措施由生产技术部牵头，会同发电部化学专业和北京万邦达共同确定整改方案，报安全监察部和公司主管领导审批后，在 1 个月内完成整改。

（2）发电部化学专业进行安全整顿（已整顿），对中水深度处理运行值班员进行重新培训，培训合格后再上岗。

6. 其他相关资料

无。

7. 附件

无。